西安电子科技大学研究生精品教材建设项目

硅基应变半导体物理

宋建军 杨 雯 赵新燕 著

U0343597

西安电子科技大学出版社

内 容 简 介

本书共 6 章,主要介绍了硅基应变半导体物理的相关内容,重点讨论了如何建立硅基应变材料能带结构与载流子迁移率模型,并分析了应变对硅基应变材料能带结构与载流子迁移率的影响。通过本书的学习,可为读者以后学习应变器件物理奠定重要的理论基础。

本书可作为高等院校微电子学与固体电子学专业研究生的参考书,也可供其他相关专业的学生参考。

图书在版编目(CIP)数据

硅基应变半导体物理/宋建军,杨雯,赵新燕著. —西安:西安电子科技大学出版社,2019.4

ISBN 978 - 7 - 5606 - 5294 - 8

Ⅰ. ① 硅…　Ⅱ. ① 宋… ② 杨… ③ 赵…　Ⅲ. ① 硅基材料—半导体物理学—研究　Ⅳ. ① O47

中国版本图书馆 CIP 数据核字(2019)第 060122 号

策划编辑	戚文艳
责任编辑	王　瑛
出版发行	西安电子科技大学出版社(西安市太白南路2号)
电　话	(029)88242885　88201467　　邮　编　710071
网　址	www.xduph.com　　　电子邮箱　xdupfxb001@163.com
经　销	新华书店
印刷单位	陕西天意印务有限责任公司
版　次	2019年5月第1版　2019年5月第1次印刷
开　本	787毫米×1092毫米　1/16　印张　8.75
字　数	201千字
印　数	1～3000册
定　价	23.00元

ISBN 978 - 7 - 5606 - 5294 - 8/O

XDUP 5596001 - 1

前　　言

微电子技术面临物理与工艺极限的挑战，在传统 Si 工艺技术基础上，为了延续摩尔定律，需要理论与技术的创新。硅基（Si、$Si_{1-x}Ge_x$）应变材料迁移率高、能带结构可调，且其应用与 Si 工艺兼容，在高速/高性能器件和电路中应用广泛。

能带结构与载流子迁移率是深入研究硅基应变材料基本属性、发展高速/高性能器件和电路的重要理论基础。本书重点讨论如何建立硅基应变材料能带结构与载流子迁移率模型，并分析、讨论应变对硅基应变材料能带结构与载流子迁移率的影响。

本书主要面向微电子学与固体电子学专业学生，介绍硅基应变半导体物理的相关内容，具有深入、系统、全面三个特点。

全书共 6 章，各章具体内容如下：

第 1 章简要介绍 MOS 器件应力引入方法，以及应变材料的临界厚度和应变测定方法。

第 2 章基于薛定谔方程，在建立应变张量模型和势能算符的基础上，采用 $k \cdot p$ 微扰法，建立硅基双轴应变材料导带底、价带顶 $E-k$ 关系。

第 3 章建立硅基双轴应变材料基本物理参数模型，包括导带能谷能级，重空穴带、轻空穴带、旋轨劈裂带 Γ 点处能级，任意 k 矢方向的能量分布及空穴有效质量，导带底和价带顶的态密度有效质量、有效状态密度及本征载流子浓度模型。

第 4 章基于硅基双轴应变材料基本物理参数模型，探讨利用 CASTEP 软件分析应变 Si 能带结构的方法，并将所得结果与 $k \cdot p$ 理论分析结果进行比对。

第 5 章建立 Ge 组分（x）与应力转化模型，直接利用应力研究硅基应变材料能带结构等基本物理特性，拓宽模型的应用范围。

第 6 章基于费米黄金法则及玻尔兹曼方程碰撞项近似理论，推导建立硅基双轴应变材料载流子散射概率与应力及能量的理论关系模型，并进一步建立硅基双轴应变材料载流子迁移率与应力的理论模型。

本书的编写及出版得到了很多老师、学生以及西安电子科技大学出版社戚文艳编辑的大力协助，在此一并深表谢意。

由于作者水平有限，书中难免有疏漏之处，殷切希望各位专家、同行和读者批评指正。

宋建军

2019 年 2 月

目　　录

第1章　应变实现方法

半导体材料所受应力可以分为单轴应力、双轴应力和三维应力。三维应力可使半导体材料能级发生移动；单轴应力和双轴应力可使半导体能带结构发生分裂，从而提高载流子迁移率。单轴应变是指半导体材料在一维方向上发生的应变；双轴应变是指半导体材料在二维方向上发生的应变。应变可分为张应变和压应变，前者是使晶格常数增大的应变，后者是使晶格常数减小的应变。

应力是使半导体材料发生应变的原因。合理的应力引入是获得高载流子迁移率应变材料的关键技术。本章简要介绍 7 种 MOS 器件应力引入方法，以及应变材料的临界厚度和应变测定方法。

1.1　应力引入方法

应力引入方法主要有通过机械力引入应力、全局应变引入应力、源/漏(S/D)植入引入应力、SiN 帽层引入应力、应力释放引入应力、应力记忆引入应力、Ge 预非晶化引入应力等。

1.1.1　通过机械力引入应力

在 MOS 器件中引入应力，最简单的方法就是在 Si 圆片上直接施加一个机械力，使圆片产生形变，如图 1.1 所示。

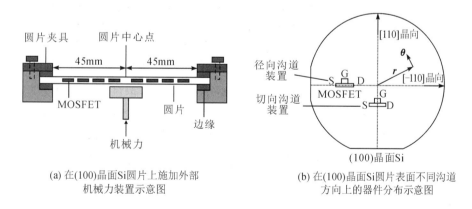

(a) 在(100)晶面Si圆片上施加外部　　　　(b) 在(100)晶面Si圆片表面不同沟道
　　机械力装置示意图　　　　　　　　　　　方向上的器件分布示意图

图 1.1　通过机械力引入应力示意图

圆片表面各点受到的应力的大小和类型都随着该点到圆片中心点的距离变化而变化。例如，圆片中心点在应力作用下产生 0.9 mm 的位移时，圆片表面其他各点产生的应变情况如图 1.2 所示。可以看到，圆片表面各点产生的应变可以分解为切向(即切线方向)和径向(即通过轴心线方向)两个方向。切向的应变始终是张应变，从中心到边缘逐渐减小；径向的应变从中心到边缘由张应变逐渐变为压应变。由此,可以在圆片上进行合理的器件布局,见图 1.1(b)。

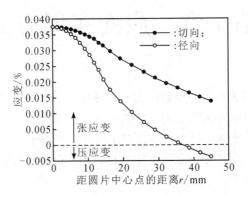

图 1.2　圆片表面各点产生的应变

1.1.2　全局应变引入应力

全局应变引入应力是指在弛豫 $Si_{1-x}Ge_x$ 缓冲层上外延生长 Si 应变薄层,或者在 Si 衬底上外延生长 $Si_{1-x}Ge_x$ 应变薄层。利用 Si 和 $Si_{1-x}Ge_x$ 的晶格失配,在 $Si_{1-x}Ge_x$ 上外延生长的 Si 层会受到双轴张应力的作用,而在 Si 上外延生长的 $Si_{1-x}Ge_x$ 层会受到双轴压应力的作用,如图 1.3 所示。

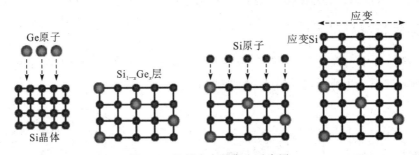

图 1.3　Si 层应变的产生示意图

全局应变引入应力的主要优点是产生了 PMOS 和 NMOS 都可以应用的双轴应力,并能同时提高 PMOS 和 NMOS 器件的性能。其缺点是只有在低电场和高应变的情况下,才能提高 PMOS 和 NMOS 器件的性能;对于不同类型的衬底,所有的工艺步骤都要调整;应变产生的性能提高随着 MOS 管栅长的缩短而下降。

1.1.3　源 / 漏(S / D)植入引入应力

源/漏(S/D)植入引入应力是指在 PMOS 器件的 S/D 区分别进行 $Si_{1-x}Ge_x$ 生长,而在 NMOS 器件的 S/D 区分别进行 $Si_{1-x}C_x$ 生长。由于 $Si_{1-x}Ge_x$ 的晶格常数大于 Si 的晶格常数,因此在沟道中引入压应力;而 $Si_{1-x}C_x$ 的晶格常数小于 Si 的晶格常数,因此在沟道中产生张应力。用这种方法引入的应力都是单轴应力。

众所周知,CMOS 电路的性能在很大程度上受 PMOS 的制约,因此,任何方法如果能够把 PMOS 的性能提高到 NMOS 的水平,都被认为是有利的。相对于标准 PMOS 器件,采用源/漏植入 $Si_{1-x}Ge_x$ 方法(见图 1.4),在短沟道器件中产生的应力可达 900 MPa,电流可提高 60%~90%。

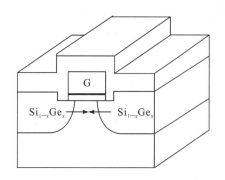

图 1.4　源/漏植入 $Si_{1-x}Ge_x$ PMOS 结构

1.1.4　SiN 帽层引入应力

SiN 帽层引入应力是指通过在器件源/漏端淀积不同结构的 SiN 帽层,将张应力和压应力分别引入到 NMOS 和 PMOS 沟道中,如图 1.5 所示。

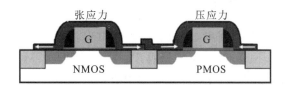

图 1.5　采用 SiN 帽层引入应力示意图

这种双应力线结构在 Si 沟道中产生纵向(即沿晶体管断面的垂直方向)单轴张应力和压应力,可同时提高 N 沟道和 P 沟道晶体管的性能。利用该方法制作的器件性能可以和采用源/漏植入引入应力的情况相比,但减少了工艺复杂性和集成问题。与未采用引入应力的情况相比,双应力线方法使得 NMOS 电流提高 11%,PMOS 电流提高 20%。如果采用一种应力线方法,则只能使一种类型的 MOS 性能提高,而另一种类型的 MOS 性能或者降低或者没有提高。

目前,SiN 帽层应力引入类型控制理论的研究和工艺控制技术的研究尚不清楚。由于该生长工艺的多样性,目前还没有一种理论能够解释所有 SiN 薄膜应力产生的具体原因。但有文献报道,SiN 薄膜中 H 组分的含量是控制 SiN 应力引入类型的关键。然而,对此的理论计算研究报道还尚未发现。因此,从 $SiNH_x$ 材料结构设计入手,计算不同 H 组分下 $SiNH_x$ 的晶格常数,并与硅的晶格常数进行比对,以期获得不同 H 组分下应力的类型,然后进行键能相关的动力学和热力学计算,并配合一些材料现代分析手段,结合目前已报道的一些工艺技术参数,优化出所需的 $SiNH_x$ 材料的生长工艺,可能会是该类研究的一个突破口。

1.1.5　应力释放引入应力

应力释放引入应力是一种在 CMOS 器件中引入应力的新方法。以 $Si_{1-x}Ge_x$ 上形成张应变 Si 为例，其原理是：在 Si 衬底上生长的 $Si_{1-x}Ge_x$ 层由于受其下层 Si 的应力作用，会在 $Si_{1-x}Ge_x$ 层中产生一个压应力，为了使在 $Si_{1-x}Ge_x$ 层上方的 Si 沟道中能够产生张应力，可以先把两边的 $Si_{1-x}Ge_x$ 层刻蚀掉一部分，这样 $Si_{1-x}Ge_x$ 层在横向（即沿晶体管断面的水平方向）就会变成弛豫的；然后在其上方和两边的刻蚀槽中生长一层 Si，这样 Si 层由于受其下方弛豫 $Si_{1-x}Ge_x$ 层的作用就会受到张应变，从而可以用来制作 NMOS 器件。这种方法也可以实现在相同的材料结构上同时制作 NMOS 和 PMOS 的效果。采用应力释放引入应力的方法时，在工艺上需选择合适的 Si 层和 $Si_{1-x}Ge_x$ 层的厚度，另外小尺寸下的刻蚀方法和选择合适的退火温度也是需要考虑的。

1.1.6　应力记忆引入应力

应力记忆引入应力是一种在小尺寸 CMOS 器件上引入应力的方法，它通过淀积再牺牲 SiN 薄膜来引入应力。该方法的主要工艺过程是在 MOS 器件上先生长一层无定型 Si，然后在这层 Si 上面淀积张应力或压应力的 SiN 薄膜，这层 SiN 薄膜会对下面的无定型 Si 产生张应力或者压应力。当刻蚀掉 SiN 薄膜后，无定型的 Si 层由于分子的重新排列会对薄膜的压力产生一个记忆效果，从而继续对其下的 MOS 沟道层产生应力。这种方法在制作工艺上需考虑如何淀积无定型 Si，以及如何获取能够产生张应力和压应力的 SiN 薄膜。

1.1.7　Ge 预非晶化引入应力

Ge 预非晶化引入应力是指利用 Ge 预非晶化 PMOS 源/漏延伸区对 Si 沟道诱生一个大的压应力，从而显著提高 MOS 管的空穴迁移率。这是一种与 CMOS 非常兼容的方法，而且不需要增加光刻掩膜，对 NMOS 电子迁移率没有负面影响。图 1.6 所示为 Ge 预非晶化 S/D 延伸区对沟道诱生单轴压应力的 PMOS 器件结构剖面示意图。

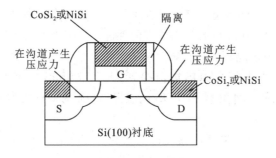

图 1.6　Ge 预非晶化引入应力示意图

1.2　临界厚度及应变测定方法

1.2.1　临界厚度

无论是生长在弛豫 $Si_{1-x}Ge_x$ 上的 Si 还是生长在弛豫 Si 上的 $Si_{1-x}Ge_x$，其引入应力的方法都是利用晶格失配来实现的,此时生长的 Si 层或者 $Si_{1-x}Ge_x$ 层称为外延层。应力的存在使得晶格处于一种不稳定的状态,当晶格形变不足以补偿不断积累的应变弹性能量时,通过在某些点上的位错结核来释放应变能量,恢复它原有的立方晶格常数,此时的外延层厚度称为临界厚度 h_c。

　　硅基应变材料的优异特性来源于应变,因此,临界厚度的确定是十分重要的。据文献报道,应变层的临界厚度与 Ge 组分的含量以及生长温度都有密切的关系。目前,有两种较为流行的临界厚度计算模型。

　　一种是由 Frank 和 Ver der Merwe 提出的基于能量最小原则的计算模型。由于应变层与衬底的晶格失配,界面会产生很多悬挂键,同时出现很多位错缺陷,因此,该理论认为外延层总能量由两部分组成:外延层应变能和失配位错的能量。其临界厚度表达式为

$$h_c = \frac{b^2(1-\nu\cos^2 B)}{8\pi(1+\nu)b_1 f_m}\ln\frac{\rho_c h_c}{q} \tag{1-1}$$

其中: $b_1 = -b\sin A \times \sin B$,$A$ 为滑移面与正常面的夹角,B 为伯格斯矢量与位错线间的夹角;b 为滑移间距;f_m 为失配系数;ν 为泊松比;q 为位错半径;ρ_c 为位错中心系数。

　　另一种是由 Matthews 和 Blakeslee 提出的基于力平衡理论的计算模型。该理论认为线位错可通过基底外延层结构穿过界面,移动并产生失配位错。据此,他们得出了如下的临界厚度计算公式:

$$h_c = \frac{1}{8\pi(1+\nu)b_1 f_m}\left(a_0 + \frac{a_1\ln 2\rho_c h_c}{q} - a_2\right) \tag{1-2}$$

式中,a_0、a_1、a_2 为伯格斯矢量分量系数。

　　图 1.7 给出了理论和实验上临界厚度 h_c 与 Ge 组分 x 的变化情况。当 $Si_{1-x}Ge_x$ 层厚度小于 Matthews-Blakeslee 理论值时,$Si_{1-x}Ge_x$ 薄膜具有很好的单晶质量(赝晶结构),并具有很好的稳定性;当 $Si_{1-x}Ge_x$ 层厚度增加但仍小于图中虚线值时,$Si_{1-x}Ge_x$ 薄膜经过严格的非平衡生长过程可以形成很好的单晶结构,但是不具有很好的稳定性,比如热稳定性等;当 $Si_{1-x}Ge_x$ 层厚度增加到图中虚线值以上时,$Si_{1-x}Ge_x$ 薄膜将不能形成很好的单晶结构,在生长过程中会发生弛豫现象,应变释放并在薄膜中产生大量缺陷。当然,图中的虚线是随不同生长设备、生长条件等多种因素的变化而变化的。

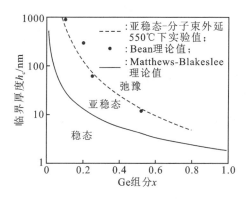

图 1.7　应变 $Si_{1-x}Ge_x$ 临界厚度

1.2.2　应变测定方法

应变测定方法有 X 射线多晶衍射法、激光束偏转法和双折射法等。

1. X 射线多晶衍射法

X 射线多晶衍射法是研究近完整晶体结构的有力工具，使用该方法对衬底双轴应变进行测定较为理想。下面以弛豫 Si 衬底生长应变 $Si_{1-x}Ge_x$ 为例对其进行介绍。

单色 X 射线平面波在完整晶体中的 Bragg 衍射角非常窄，对垂直于工作平面的晶格应变非常敏锐，当晶格的应变超过 10^{-5} 时就可以检测到。X 射线多晶衍射法广泛应用于离子注入、外延单晶膜、超晶格以及其他一些近单晶样品的晶格完整度、晶格应变等方面的研究中。对于外延 $Si_{1-x}Ge_x$ 薄膜，由于多晶衍射对晶格常数的微弱变化非常敏锐，即对 $Si_{1-x}Ge_x$ 层的组分和应变变化很灵敏，而且多晶衍射是一种无损检测，因此 X 射线多晶衍射法是表征 $Si_{1-x}Ge_x$/Si 及 $Si_{1-x}Ge_x$ 多量子阱材料的重要手段。对硅基异质外延 $Si_{1-x}Ge_x$ 薄膜的表征，实际上，通过对实验曲线的拟合，可同时获得薄膜组分、厚度、应变情况等多方面的信息。因此，X 射线多晶衍射法是表征 $Si_{1-x}Ge_x$/Si 异质结构非常重要的手段。X 射线四晶衍射仪的单色性比一般的 X 射线双晶衍射仪有很大的提高，因而具有更高的角分辨率和更高的测量精度。

1) X 射线四晶衍射基本原理

对于单晶 Si 衬底的异质外延，由于衬底材料和外延材料间的晶格失配，外延薄膜中必然会存在一定的应变，而四晶衍射对该应变是非常敏感的。图 1.8 所示为 X 射线四晶衍射基本原理示意图。从 X 射线管中射出来的 X 射线，经两组单晶 Ge[220]单色仪后，得到单色性、准直度很好的 X 射线。该射线以 Bragg 衍射角入射至样品表面，并在探测器中探测衍射信号。

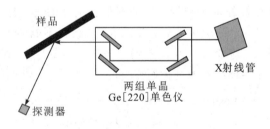

图 1.8　X 射线四晶衍射基本原理示意图

因为衬底的晶向与外延薄膜的晶向相同，但晶格常数不同，所以以外延 $Si_{1-x}Ge_x$ 薄膜与衬底 Si 的 Bragg 衍射角不同。因此，可以通过测量衬底衍射峰和表面 $Si_{1-x}Ge_x$ 薄膜衍射峰的间距来推算薄膜中存在的应变的大小。根据 Bragg 原理，并考虑 $\Delta\theta$ 绝对值很小，推算得到以下公式：

$$\varepsilon = \frac{\delta d}{d_{Si}} = \frac{d_{Si_{1-x}Ge_x, \perp} - d_{Si}}{d_{Si}} = -\Delta\theta \cdot \cot\theta_B \qquad (1-3)$$

式中：ε 是垂直于样品测量时的工作平面的应变(注意是外延薄膜相对于衬底的应变)；δd 是工作平面间距的改变量；d 是测量时晶体的工作平面的间距；θ_B 是工作平面的 Bragg 角；$\Delta\theta$

是衬底衍射峰与应变层 Bragg 衍射峰的间距(见图 1.9)。

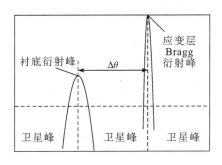

图 1.9 样品四晶衍射示意图

2) $Si_{1-x}Ge_x$ 薄膜应变状态的判断与应变率、应变释放率的定义

式(1-3)中定义的 ε 是相对于衬底 Si 的晶格应变的,但实际上它不能反映 $Si_{1-x}Ge_x$ 薄膜真实的应变状态,为此,定义 ε' 为

$$\varepsilon' = \frac{\delta d'}{d_{Si_{1-x}Ge_x}} = \frac{d_{Si_{1-x}Ge_x,\perp} - d_{Si_{1-x}Ge_x}}{d_{Si_{1-x}Ge_x}} \qquad (1-4)$$

将式(1-3)代入,得

$$\varepsilon' = \frac{d_{Si_{1-x}Ge_x,\perp} - d_{Si_{1-x}Ge_x}}{d_{Si_{1-x}Ge_x}} = \frac{d_{Si}(1 - \Delta\theta \cdot \cot\theta_B)}{d_{Si} + x(d_{Ge} - d_{Si})} - 1 \qquad (1-5)$$

式中,x 为 $Si_{1-x}Ge_x$ 层 Ge 的组分。

当 $\varepsilon' > 0$ 时,薄膜在生长方向上为张应变(单轴),而在生长平面内为压应变(双轴);反之,当 $\varepsilon' < 0$ 时,应变反向。

另外,还可以定义实际 $Si_{1-x}Ge_x$ 薄膜的应变率 S 和应变释放率 R:

$$S = \frac{\varepsilon'}{\varepsilon'_{max}} \times 100\% \qquad (1-6)$$

$$R = 1 - S = \left(1 - \frac{\varepsilon'}{\varepsilon'_{max}}\right) \times 100\% \qquad (1-7)$$

式中,ε'_{max} 为最大应变量。

2. 激光束偏转法

当半导体基片表面淀积或生长一定厚度的薄膜时,由于薄膜应力的存在将使半导体基片发生弯曲,而基片弯曲的大小直接与应力相关,弯曲方向不同,应力则表现为张应力或压应力。激光束偏转法就是用激光束测量基片弯曲的程度和方向,从而得到薄膜应力。薄膜应力与基片的曲率半径关系如下:

$$\sigma = \frac{E_s t_s^2}{6(1 - \nu_s)t_f}\left(\frac{1}{R_f} - \frac{1}{R_0}\right) \qquad (1-8)$$

其中:E_s 和 ν_s 分别为衬底材料的杨氏模量和泊松比;t_s 和 t_f 分别为衬底和薄膜厚度;R_f 和 R_0 分别为有无薄膜存在时的衬底曲率半径。因此,通过测量曲率半径即可得到薄膜应力。

3. 双折射法

双折射法就是采用应力双折射仪,对样品的光程差进行定量测定,从而确定样品应力双折射的大小。Si、Ge 和 GaAs 等半导体材料具有对称的晶格结构，当受到薄膜应力作用时，材料的折射率会发生变化。其折射率与应力之间的关系为

$$\Delta n = C\Delta\sigma$$

其中，C 是材料的光弹性常数。

1.3　本章小结

为了提高半导体器件，尤其是 MOS、CMOS 器件的性能，常采用单轴或双轴应变。本章首先简要介绍了 MOS 器件应力引入方法，然后简要介绍了应变材料的临界厚度和应变测定方法。

习　　题

1. 请列举 Si 实现应变的各种技术，并讨论不同应变技术在作用效果上的区别。
2. 何谓应变 Si 外延层临界厚度？应变 Si 外延层厚度大于临界厚度有何缺点？
3. 请列举应变 Si 外延层应力强度表征的各种技术，并讨论它们之间的区别。

第 2 章　硅基应变材料能带 E-k 关系

　　为了提高半导体器件，尤其是 MOS、CMOS 器件的性能，可以采用单轴或双轴应变。单轴应变一般利用后续工艺引入，主要适用于纳米级 MOS、CMOS。双轴应变是全局应变，一般通过异质材料外延引入，应用面宽。基于双轴应变理论的重要性，且其可以为单轴应变的研究奠定理论基础，同时又鉴于国内集成电路工艺水平，本章主要介绍硅基双轴应变材料能带结构及其相关的关键理论。

　　要获得硅基应变材料能带结构，关键是研究建立其 E-k 关系，且载流子的有效质量和迁移率等都与它所处状态下的 E-k 关系密切相关。本章基于薛定谔方程，在建立应变张量模型和势能算符的基础上，采用 $\boldsymbol{k} \cdot \boldsymbol{p}$ 微扰法，建立硅基双轴应变材料导带底、价带顶 E-k 关系。

　　另外，基于当前双轴应变材料的结构，同时为了便于理论分析研究，本书以弛豫 $Si_{1-x}Ge_x$ 上外延生长应变 Si 和弛豫 Si 上外延生长应变 $Si_{1-x}Ge_x$ 为研究对象和基础。由于应变层可以外延生长在任意晶向衬底上，因此，所建 E-k 关系适用于任意晶向的硅基应变材料。

2.1　应变张量模型

2.1.1　应变张量通解

　　为了使应变张量适用于任意晶向的硅基应变材料，本节首先研究应变张量通解。

　　为了便于研究，首先建立辅助坐标系 (x', y', z')，其中 z' 轴垂直于衬底表面。该坐标系与惯用原胞坐标系 (x, y, z) 可以通过矩阵 $\boldsymbol{U}$ 实现坐标变换。矩阵 $\boldsymbol{U}$ 为

$$\boldsymbol{U} = \begin{pmatrix} \cos\varphi\cos\theta & -\sin\varphi & \cos\varphi\sin\theta \\ \sin\varphi\cos\theta & \cos\varphi & \sin\varphi\sin\theta \\ -\sin\theta & 0 & \cos\theta \end{pmatrix} \tag{2-1}$$

其中，θ 和 φ 分别是 z' 轴相对于 (x, y, z) 坐标系的极角和方位角。

　　在 (x', y', z') 坐标系下，由于晶格失配，外延层在平行于衬底的平面内发生了应变，但不存在面内剪切应变。面内应变张量分量 $\varepsilon_{\parallel}$ 可以由下式确定：

$$\varepsilon_{\parallel} = (a_{衬底} - a_{外延层})/a_{外延层} \tag{2-2}$$

式中，a 为材料的晶格常数。$Si_{1-x}Ge_x$ 的晶格常数由 Si 和 Ge 晶格常数（见表 2.1）的线性插值获得。于是得到应变张量分量：

$$\varepsilon'_{11} = \varepsilon'_{22} = \varepsilon_{\parallel} \tag{2-3}$$

$$\varepsilon'_{12} = 0 \tag{2-4}$$

(x', y', z') 坐标系下其余三个独立的应变张量分量 ε'_{13}、ε'_{23}、ε'_{33} 需要联立方程才能确定。

由于外延层在垂直衬底的方向上没有受到外力 T 的作用，因此沿该方向的应力张量分量为零，即

$$T'_{33} = T'_{23} = T'_{13} = 0 \qquad (2-5)$$

其余三个独立的应力张量分量 T'_{11}、T'_{22}、T'_{12} 仍需确定。

在线性弹性范围内，应力张量分量与应变张量分量满足胡克定律，存在如下关系：

$$T'_{\alpha\beta} + c'_{\alpha\beta ij}\varepsilon'_{ij} = 0 \qquad (2-6)$$

其中：α，$\beta = 1, 2, 3$；$c'_{\alpha\beta ij}$ 是 (x', y', z') 坐标系下的弹性劲度系数。

对于 $(\alpha\beta) = (33)$、(23)、(13)，根据式 $(2-5)$ 和式 $(2-6)$，可以得到

$$\begin{cases} c'_{33ij}\varepsilon'_{ij} = 0 \\ c'_{23ij}\varepsilon'_{ij} = 0 \\ c'_{13ij}\varepsilon'_{ij} = 0 \end{cases} \qquad (2-7(a))$$

对于 $(ij) = (11)$、(22)、(12)，ε'_{ij} 是已知的，利用张量对称性，并对 (ij) 展开求和，可得

$$c'_{\alpha\beta 33}\varepsilon'_{33} + 2c'_{\alpha\beta 23}\varepsilon'_{23} + 2c'_{\alpha\beta 13}\varepsilon'_{13} = -(c'_{\alpha\beta 11} + c'_{\alpha\beta 22})\varepsilon_{\parallel} \qquad (2-7(b))$$

其矩阵形式为

$$\begin{bmatrix} c'_{3333} & c'_{3323} & c'_{3313} \\ c'_{2333} & c'_{2323} & c'_{2313} \\ c'_{1333} & c'_{1323} & c'_{1313} \end{bmatrix} \begin{bmatrix} \varepsilon'_{33}/2 \\ \varepsilon'_{23} \\ \varepsilon'_{13} \end{bmatrix} = -\frac{\varepsilon_{\parallel}}{2} \begin{bmatrix} c'_{3311} + c'_{3322} \\ c'_{2311} + c'_{2322} \\ c'_{1311} + c'_{1322} \end{bmatrix} \qquad (2-7(c))$$

文献中通常给出的弹性劲度系数 $c_{\alpha\beta ij}$ 是 (x, y, z) 坐标系下的，式 $(2-6)$ 中的 $c'_{\alpha\beta ij}$ 需要通过坐标变换来求取，利用式 $(2-1)$ 的变换矩阵 U 可得

$$c'_{\gamma\delta kl} = U_{\alpha\gamma}U_{\beta\delta}U_{ik}U_{jl}c_{\alpha\beta ij} \qquad (2-8(a))$$

式中：$U_{\alpha\gamma}$、$U_{\beta\delta}$、U_{ik}、U_{jl} 为变换矩阵 U 中的元素；弹性劲度系数张量 $c_{\alpha\beta ij}$ 的形式为

$$\begin{bmatrix} C_{11} & C_{12} & C_{12} & 0 & 0 & 0 \\ & C_{11} & C_{12} & 0 & 0 & 0 \\ & & C_{11} & 0 & 0 & 0 \\ & & & C_{44} & 0 & 0 \\ & & & & C_{44} & 0 \\ & & & & & C_{44} \end{bmatrix} \qquad (2-8(b))$$

弹性劲度系数分量 C_{11}、C_{12}、C_{44} 见表 2.1。

表 2.1　本节所用参数

参　数	符　号	单　位	数　值
Si 晶格常数	a_{Si}	Å	5.431
Ge 晶格常数	a_{Ge}	Å	5.658
弹性劲度系数	C_{12}	dyne/cm^2($\times 10^{11}$)	6.39
	C_{44}	dyne/cm^2($\times 10^{11}$)	7.95
	C_{11}	dyne/cm^2($\times 10^{11}$)	16.56

将三角恒等法则应用到 U 的分量中，式 $(2-8(a))$ 可被展开和化简为

$$c'_{\gamma\delta kl} = C_{11} \sum_{\alpha=1}^{3} U_{\alpha\gamma} U_{\alpha\delta} U_{\alpha k} U_{\alpha l} + C_{12} \sum_{\beta=2}^{3} \sum_{\alpha=1}^{\beta-1} (U_{\alpha\gamma} U_{\alpha\delta} U_{\beta k} U_{\beta l} + U_{\beta\gamma} U_{\beta\delta} U_{\alpha k} U_{\alpha l})$$

$$+ C_{44} \sum_{\beta=2}^{3} \sum_{\alpha=1}^{\beta-1} (U_{\alpha\gamma} U_{\beta\delta} + U_{\beta\gamma} U_{\alpha\delta})(U_{\alpha k} U_{\beta l} + U_{\beta k} U_{\alpha l}) \qquad (2-9)$$

联立式(2-7(c))和式(2-9)，应变张量分量 ε'_{13}、ε'_{23}、ε'_{33} 得以确定。为了表达式的简洁，方便应用，且物理意义明确，定义泊松比 ν 和剪切系数 τ 两个物理量。由式(2-7(c))可得 ν 和 τ：

$$\nu = -\frac{\varepsilon_{\parallel}}{\varepsilon'_{33}} \qquad (2-10)$$

$$\tau = \frac{\sqrt{(\varepsilon'_{13})^2 + (\varepsilon'_{23})^2}}{\varepsilon_{\parallel}} \qquad (2-11)$$

从几何上讲，泊松比 ν 表征外延薄膜从正方形变为矩形的程度，剪切系数 τ 表征外延薄膜从正方形变为菱形的程度。图 2.1 表示泊松比 ν、剪切系数 τ 与衬底晶向的函数关系

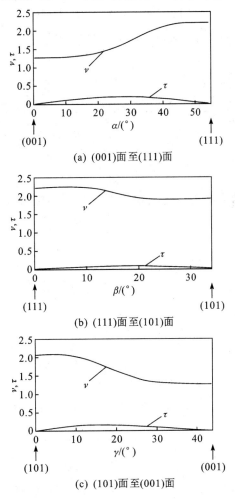

(a) (001)面至(111)面

(b) (111)面至(101)面

(c) (101)面至(001)面

图 2.1　不同晶向泊松比 ν 与剪切系数 τ

（图中，α 为(001)面至(111)面旋转的角度，β 为(111)面至(101)面旋转的角度，γ 为(101)面至(001)面旋转的角度）。其中，图 2.1(a)从(001)面旋转至(111)面，晶向[001]与[111]之间最大角度为 55°；图 2.1(b)从(111)面旋转至(101)面，晶向[111]与[101]之间最大角度为 35°；图 2.1(c)从(101)面旋转至(001)面，晶向[101]与[001]之间最大角度为 45°。

由图 2.1 可见，(001)、(111)、(101)硅基应变材料剪切系数 τ 为零，仅用泊松比 ν 就可以表征外延薄膜的应变情况。这是因为(001)、(111)或(101)衬底的法线是 n 度旋转对称轴($n \geqslant 2$)时，赝晶生长的外延层必定也保持这种对称性，外延层在垂直衬底的方向上没有剪切应变，即 $\varepsilon'_{13} = \varepsilon'_{23} = 0$。而在(001)、(111)或(101)高对称面之间的任意晶向衬底平面上外延生长，在平行于衬底的平面上薄膜还会发生相对衬底平面的剪切形变，不是单一的四角畸变（正方形变为长方形）。

如图 2.2 所示，对于(001)与(111)之间的 $(hh1)$ 衬底($0 < h < 1$)外延生长，张应变时薄膜倾向发生朝[111]的剪切应变，而压应变时倾向发生朝[001]的剪切应变；对于(101)与(111)之间的 (hkh) 衬底($0 < k < h$)外延生长，张应变时薄膜倾向发生朝[111]的剪切应变，而压应变时倾向发生朝[101]的剪切应变；对于(001)与(101)之间的 $(h01)$ 衬底($0 < h < 1$)外延生长，张应变时薄膜倾向发生朝[101]的剪切应变，而压应变时倾向发生朝[001]的剪切应变。

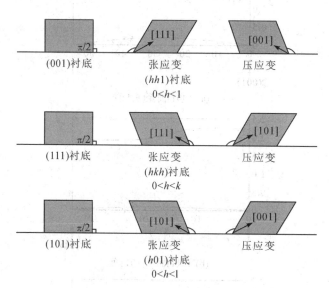

图 2.2　任意晶向衬底平面的剪切形变

最后，对 (x', y', z') 坐标系下的应变张量分量 ε'_{11}、ε'_{22}、ε'_{33}、ε'_{12}、ε'_{23} 和 ε'_{13} 进行坐标变换，即可得到 (x, y, z) 坐标系下的应变张量分量 ε_{11}、ε_{22}、ε_{33}、ε_{12}、ε_{23} 和 ε_{13}。变换公式为

$$\varepsilon'_{\alpha\beta} = U_{i\alpha} U_{j\beta} \varepsilon_{ij} \tag{2-12}$$

2.1.2　(001)、(111)、(101)面应变张量

鉴于本章主要讨论(001)、(111)、(101)硅基应变材料（详见 2.2 节），故本小节利用 2.1.1 节中通解的思路给出(001)、(111)、(101)三个高对称晶面应变材料中的应变张量。

首先建立 (x', y', z') 坐标系,其中 z' 轴垂直于衬底表面。衬底与外延层之间的晶格失配使得外延层在平行于衬底的平面内受到各向同性的应力,面内应变张量分量 $\varepsilon_{\parallel}$ 由式 (2-2) 确定。

在平行于衬底的平面上,应变张量分量 $\varepsilon'_{11} = \varepsilon'_{22} = \varepsilon_{\parallel}$(因为是各向同性应变),$\varepsilon'_{12} = 0$(因为没有平面剪切应变)。其他三个独立的应变张量分量 ε'_{13}、ε'_{23}、ε'_{33} 仍需确定。当衬底的法线是 n 度旋转对称轴($n \geqslant 2$)时,例如衬底为 (001)、(111) 或 (101) 面时,赝晶生长的外延层必定也保持这种对称性,外延层在垂直衬底的方向上没有剪切应变,即 $\varepsilon'_{13} = \varepsilon'_{23} = 0$。

衬底对薄膜施加了各向同性平面应力,而薄膜在垂直衬底方向上没有受到外力,因而 $T'_{33} = T'_{23} = T'_{13} = 0$。$T'_{11}$、$T'_{22}$、$T'_{12}$ 仍是不确定的。因为 (001)、(111) 或 (101) 面的高对称性,且对于 $(\alpha\beta) = (33)$、(23)、(13),$T'_{\alpha\beta} = 0$,利用胡克定律(式 (2-6))可得

$$
\begin{cases}
c'_{33ij}\varepsilon'_{ij} = 0 \\
c'_{23ij}\varepsilon'_{ij} = 0 \\
c'_{13ij}\varepsilon'_{ij} = 0
\end{cases}
\tag{2-13}
$$

式中,要对 i, j 重复求和。

式 (2-13) 中的任意一个式子都可以用来确定未知的应变张量分量 ε'_{33}。这里选第一个式子来确定 ε'_{33},整理得

$$
\varepsilon'_{33} = -\frac{c'_{3311}\varepsilon'_{11} + c'_{3322}\varepsilon'_{22}}{c'_{3333}} = -\left(\frac{c'_{3311} + c'_{3322}}{c'_{3333}}\right)\varepsilon_{\parallel}
\tag{2-14}
$$

为方便下面讨论,定义泊松比:

$$
\nu = \frac{c'_{3333}}{c'_{3311} + c'_{3322}}
\tag{2-15}
$$

于是,(001)、(111)、(101) 硅基应变材料中的应变张量分量在 (x', y', z') 坐标系下表示为

$$
\begin{cases}
\varepsilon'_{11} = \varepsilon'_{22} = \varepsilon_{\parallel} \\
\varepsilon'_{33} = -\varepsilon_{\parallel}/\nu \\
\varepsilon'_{12} = \varepsilon'_{23} = \varepsilon'_{31} = 0
\end{cases}
\tag{2-16}
$$

根据式 (2-8(a)),对弹性劲度系数张量进行 $c_{\alpha\beta ij}$ 到 $c'_{\gamma\delta kl}$ 的坐标变换,有

$$
c'_{33kk} = \sum_{\alpha, \beta, i, j=1}^{3} U_{\alpha 3} U_{\beta 3} U_{ik} U_{jk} c_{\alpha\beta ij}
\tag{2-17}
$$

式中,$k = 1, 2, 3$。

将三角恒等法则应用到 $\boldsymbol{U}$ 的分量中,式 (2-17) 可被展开和化简。代数处理的结果为

$$
\nu = \frac{N}{D}
\tag{2-18}
$$

$$
N = c'_{3333} = (C_{12} + 2C_{44}) + (C_{11} - C_{12} - 2C_{44})(U_{13}^4 + U_{23}^4 + U_{33}^4)
\tag{2-19}
$$

$$
\begin{aligned}
D &= c'_{3311} + c'_{3322} \\
&= (C_{11} + C_{12}) - (C_{11} - C_{12})(U_{13}^4 + U_{23}^4 + U_{33}^4) \\
&\quad + 4C_{44}[U_{13}U_{23}(U_{11}U_{21} + U_{12}U_{22}) + U_{13}U_{33}(U_{11}U_{31} + U_{12}U_{32}) \\
&\quad + U_{23}U_{33}(U_{21}U_{31} + U_{22}U_{32})]
\end{aligned}
\tag{2-20}
$$

对于 (001) 硅基应变材料,由于 (x, y, z) 坐标系和 (x', y', z') 坐标系是一致的,因此

U 是一个单位矩阵，即 $U_{ij} = \delta_{ij}$。由式(2-19)和式(2-20)可得

$$\begin{cases} N = C_{11} \\ D = 2C_{12} \end{cases} \qquad (2-21)$$

将其代入式(2-18)，得(001)硅基应变材料泊松比为

$$\nu^{(001)} = \frac{C_{11}}{2C_{12}} \qquad (2-22)$$

对于(111)硅基应变材料，U 的形式为

$$U = \begin{pmatrix} \dfrac{1}{\sqrt{6}} & -\dfrac{1}{\sqrt{2}} & \dfrac{1}{\sqrt{3}} \\ \dfrac{1}{\sqrt{6}} & \dfrac{1}{\sqrt{2}} & \dfrac{1}{\sqrt{3}} \\ \sqrt{\dfrac{2}{3}} & 0 & \dfrac{1}{\sqrt{3}} \end{pmatrix} \qquad (2-23)$$

由式(2-19)式(2-20)可得

$$\begin{cases} N = \dfrac{1}{3}C_{11} + \dfrac{2}{3}C_{12} + \dfrac{4}{3}C_{44} \\ D = \dfrac{2}{3}C_{11} + \dfrac{4}{3}C_{12} - \dfrac{4}{3}C_{44} \end{cases} \qquad (2-24)$$

由式(2-18)可得(111)硅基应变材料的泊松比为

$$\nu^{(111)} = \frac{C_{11} + 2C_{12} + 4C_{44}}{2C_{11} + 4C_{12} - 4C_{44}} \qquad (2-25)$$

对于(101)硅基应变材料，U 的形式为

$$U = \begin{pmatrix} \dfrac{\sqrt{2}}{2} & 0 & \dfrac{\sqrt{2}}{2} \\ 0 & 1 & 0 \\ -\dfrac{\sqrt{2}}{2} & 0 & \dfrac{\sqrt{2}}{2} \end{pmatrix} \qquad (2-26)$$

由式(2-19)和式(2-20)可得

$$\begin{cases} N = \dfrac{1}{2}C_{11} + \dfrac{1}{2}C_{12} + C_{44} \\ D = \dfrac{1}{2}C_{11} + \dfrac{3}{2}C_{12} - C_{44} \end{cases} \qquad (2-27)$$

由式(2-18)可得(101)硅基应变材料的泊松比为

$$\nu^{(101)} = \frac{C_{11} + C_{12} + 2C_{44}}{C_{11} + 3C_{12} - 2C_{44}} \qquad (2-28)$$

最后，利用式(2-12)将(x', y', z')坐标系下的应变张量分量变换到(x, y, z)坐标系下，具体结果如下：

(001)硅基应变材料：

$$\begin{cases} \varepsilon_{xx} = \varepsilon_{yy} = \varepsilon_{\parallel} \\ \varepsilon_{zz} = -\varepsilon_{\parallel}/\nu^{(001)} \\ \varepsilon_{xy} = \varepsilon_{yz} = \varepsilon_{zx} = 0 \end{cases} \qquad (2-29)$$

（111）硅基应变材料：

$$
\begin{cases}
\varepsilon_{xx} = \varepsilon_{yy} = \varepsilon_{zz} = \dfrac{1}{3}\left[2 - 1/\nu^{(111)}\right]\varepsilon_{\parallel} \\[3mm]
\varepsilon_{xy} = \varepsilon_{yz} = \varepsilon_{zx} = -\dfrac{1}{3}\left[1 + 1/\nu^{(111)}\right]\varepsilon_{\parallel}
\end{cases}
\tag{2-30}
$$

（101）硅基应变材料：

$$
\begin{cases}
\varepsilon_{xx} = \varepsilon_{zz} = \dfrac{1}{2}\left[1 - 1/\nu^{(101)}\right]\varepsilon_{\parallel} \\[3mm]
\varepsilon_{yy} = \varepsilon_{\parallel} \\[3mm]
\varepsilon_{zx} = -\dfrac{1}{2}\left[1 + 1/\nu^{(101)}\right]\varepsilon_{\parallel} \\[3mm]
\varepsilon_{yx} = \varepsilon_{zy} = 0
\end{cases}
\tag{2-31}
$$

本节计算中所用泊松比数值见表 2.2。

表 2.2　泊松比具体数值

	$\nu^{(001)}$	$\nu^{(101)}$	$\nu^{(111)}$
Si	1.296	2.275	1.959
Ge	1.332	2.691	2.222

2.2　硅基应变材料赝晶结构模型

硅基应变材料赝晶结构决定了能带结构等基本物理性质，基于应变张量模型，建立硅基应变材料赝晶结构模型，有利于从微观结构上理解应变对硅基应变材料能带结构等基本物理性质的影响。

硅基应变材料赝晶结构及能带结构等基本属性与外延生长衬底的晶向密切相关。本书重点讨论（001）、（101）和（111）硅基应变材料赝晶结构及能带结构等基本属性，主要基于以下两点考虑：（001）、（101）和（111）硅基应变材料赝晶结构对称性高，便于讨论；（001）、（101）和（111）面之间互相转化可涵盖任意晶面（即（001）面旋转 55°可得（111）面，（111）面旋转 35°可得（101）面，（101）面旋转 45°可得（001）面，见图 2.3）。其他晶向硅基应变材料的基本属性可以在（001）、（101）和（111）硅基应变材料基本属性基础上分析获得。

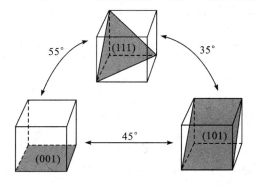

图 2.3　（001）、（101）和（111）三个面互相转化示意图

下面以弛豫 $Si_{1-x}Ge_x$ 衬底上生长应变 Si 为例，建立(001)、(101)和(111)硅基应变材料赝晶结构模型，弛豫 Si 衬底上生长应变 $Si_{1-x}Ge_x$ 的情况与此类似。

晶格常数 a、b、c 以及 α、β、γ 是确定硅基应变材料所属晶系的重要参量。基于硅基应变材料应变张量模型，参阅弹性力学相关知识，使用如下物理模型分析建立硅基应变材料赝晶结构模型。

$$\begin{cases} \arccos(\varepsilon_{yz}) = \alpha \\ \arccos(\varepsilon_{zz}) = \beta \\ \arccos(\varepsilon_{xy}) = \gamma \end{cases} \tag{2-32}$$

$$\begin{bmatrix} a \\ b \\ c \end{bmatrix} = \begin{bmatrix} \varepsilon_{xx} & \varepsilon_{xy} & \varepsilon_{xz} \\ \varepsilon_{yx} & \varepsilon_{yy} & \varepsilon_{yz} \\ \varepsilon_{zx} & \varepsilon_{zy} & \varepsilon_{zz} \end{bmatrix} \begin{bmatrix} a_0 \\ a_0 \\ a_0 \end{bmatrix} + \begin{bmatrix} a_0 \\ a_0 \\ a_0 \end{bmatrix} \tag{2-33}$$

式中：a_0 为弛豫 Si 的晶格常数；$\varepsilon_{ij}(i,j=x,y,z)$ 为应变张量分量。

表 2.3～表 2.5 分别列出了应变 $Si/(001)Si_{1-x}Ge_x$、$Si/(101)Si_{1-x}Ge_x$ 和 $Si/(111)Si_{1-x}Ge_x$ 材料的晶格常数。表 2.3 表明，与弛豫 Si 材料相比，应变 $Si/(001)Si_{1-x}Ge_x$ 材料的晶格常数 a、b、c 发生了变化，而 α、β、γ 没有变化，晶格常数之间的关系为 $a=b\neq c$，$\alpha=\beta=\gamma=90°$，应变 $Si/(001)Si_{1-x}Ge_x$ 材料属于四方晶系。表 2.4 表明，与弛豫 Si 材料相比，应变 $Si/(101)Si_{1-x}Ge_x$ 材料的晶格常数 a、b、c、α、β、γ 均发生了变化，晶格常数之间的关系为 $a=c\neq b$，$\alpha=\gamma=90°$，$\beta\neq90°$，应变 $Si/(101)Si_{1-x}Ge_x$ 材料属于单斜晶系。表 2.5 表明，与弛豫 Si 材料不同，应变 $Si/(111)Si_{1-x}Ge_x$ 材料的晶格常数之间的关系为 $a=b=c$，$\alpha=\beta=\gamma\neq90°$，其属于三角晶系。

表 2.3　应变 $Si/(001)Si_{1-x}Ge_x$ 材料的晶格常数

x	$a/Å$	$b/Å$	$c/Å$	$\alpha=\beta=\gamma$
0.1	5.4537	5.4537	5.4135	90°
0.2	5.4764	5.4764	5.3960	90°
0.3	5.4991	5.4991	5.3785	90°
0.4	5.5218	5.5218	5.3610	90°

表 2.4　应变 $Si/(101)Si_{1-x}Ge_x$ 材料的晶格常数

x	$a/Å$	$b/Å$	$c/Å$	$\alpha=\gamma$	β
0.1	5.429	5.433	5.429	90°	90.18°
0.2	5.427	5.439	5.427	90°	90.36°
0.3	5.425	5.444	5.425	90°	90.54°
0.4	5.423	5.448	5.423	90°	90.72°

表 2.5　应变 Si/(111)Si$_{1-x}$Ge$_x$ 材料的晶格常数

x	$a=b=c/\text{Å}$	$\alpha=\beta=\gamma$
0.1	5.4210	90.115°
0.2	5.4111	90.230°
0.3	5.4011	90.344°
0.4	5.3911	90.458°

图 2.4 直观地示意了表 2.3～表 2.5 的结果。

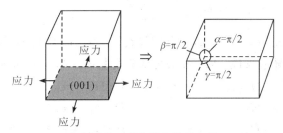

(a) 立方晶系 Si 变为四方晶系应变 Si/(001)Si$_{1-x}$Ge$_x$

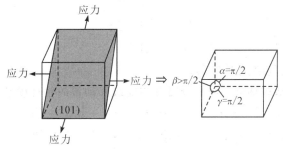

(b) 立方晶系 Si 变为单斜晶系应变 Si/(101)Si$_{1-x}$Ge$_x$

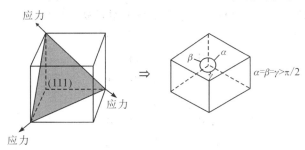

(c) 立方晶系 Si 变为三角晶系应变 Si/(111)Si$_{1-x}$Ge$_x$

图 2.4　(001)、(101)、(111)硅基应变材料赝晶结构示意图

　　依据表 2.3～表 2.5，知道了应变 Si/(001)Si$_{1-x}$Ge$_x$、Si/(101)Si$_{1-x}$Ge$_x$ 和 Si/(111)Si$_{1-x}$Ge$_x$ 材料所属的晶系，这有助于从赝晶结构角度上理解应变对硅基应变材料能带结构的影响，同时为采用其他能带理论研究硅基应变材料能带结构提供了群论方面对称性的理论依据。对表 2.3～表 2.5 中的数据作进一步处理可发现，应变 Si/(001)Si$_{1-x}$Ge$_x$、Si/(101)Si$_{1-x}$Ge$_x$ 和 Si/(111)Si$_{1-x}$Ge$_x$ 材料赝晶体积与弛豫 Si 材料体积差别不大，这为本书将应变视为微扰

处理和硅基应变材料态密度分析中体积 V 的近似提供了理论依据。此外，表 2.3～表 2.5 所示的数据是用 CASTEP 软件能带结构研究的初始数据。

2.3 形变势模型

硅基应变材料能带结构的建立需要考虑形变势场的作用。对于弛豫 $Si_{1-x}Ge_x$ 上外延生长应变 Si 和弛豫 Si 上外延生长应变 $Si_{1-x}Ge_x$，可将形变势场作微扰处理，应变微扰哈密顿物理模型为

$$H_{\text{strain}, ij} = \sum_{\alpha, \beta=1}^{3} D_{ij}^{\alpha\beta} \varepsilon_{\alpha\beta} \qquad (2-34)$$

式中：$\varepsilon_{\alpha\beta}$ 是应变张量通式，α，$\beta=1$，2，3 分别代表 x，y，z；$D_{ij}^{\alpha\beta}$ 是形变势。

对于硅基应变材料导带来说，每个能谷能级都是非简并的，$D^{\alpha\beta}$ 可视为常数处理，则

$$H_{\text{strain}, [\pm100]} = D^{xx}\varepsilon_{xx} + D^{yy}(\varepsilon_{yy} + \varepsilon_{zz}) \qquad (2-35)$$

$$H_{\text{strain}, [0\pm10]} = D^{xx}\varepsilon_{yy} + D^{yy}(\varepsilon_{xx} + \varepsilon_{zz}) \qquad (2-36)$$

$$H_{\text{strain}, [00\pm1]} = D^{xx}\varepsilon_{zz} + D^{yy}(\varepsilon_{xx} + \varepsilon_{yy}) \qquad (2-37)$$

其中，

$$\begin{cases} D^{xx} = \Xi_d^\Delta + \Xi_u^\Delta \\ D^{yy} = \Xi_d^\Delta \end{cases} \qquad (2-38)$$

Ξ_d^Δ 和 Ξ_u^Δ 是形变势常数（其值见表 2.6）。

在应力作用下，硅基双轴应变材料导带能谷能级移动量的物理模型如下：

$$\Delta\varepsilon_c^{[100]} = \Delta\varepsilon_c^{[-100]} = \Xi_d^\Delta(\varepsilon_{xx} + \varepsilon_{yy} + \varepsilon_{zz}) + \Xi_u^\Delta\varepsilon_{xx} \qquad (2-39)$$

$$\Delta\varepsilon_c^{[010]} = \Delta\varepsilon_c^{[0-10]} = \Xi_d^\Delta(\varepsilon_{xx} + \varepsilon_{yy} + \varepsilon_{zz}) + \Xi_u^\Delta\varepsilon_{yy} \qquad (2-40)$$

$$\Delta\varepsilon_c^{[001]} = \Delta\varepsilon_c^{[00-1]} = \Xi_d^\Delta(\varepsilon_{xx} + \varepsilon_{yy} + \varepsilon_{zz}) + \Xi_u^\Delta\varepsilon_{zz} \qquad (2-41)$$

相对于导带模型，硅基应变材料价带形变势模型要复杂得多，$D^{\alpha\beta}$ 具有如下矩阵形式：

$$\boldsymbol{D}^{xx} = \begin{pmatrix} l & 0 & 0 \\ 0 & m & 0 \\ 0 & 0 & m \end{pmatrix} \qquad (2-42(a))$$

$$\boldsymbol{D}^{yy} = \begin{pmatrix} m & 0 & 0 \\ 0 & l & 0 \\ 0 & 0 & m \end{pmatrix} \qquad (2-42(b))$$

$$\boldsymbol{D}^{zz} = \begin{pmatrix} m & 0 & 0 \\ 0 & m & 0 \\ 0 & 0 & l \end{pmatrix} \qquad (2-42(c))$$

$$\boldsymbol{D}^{xy} = \begin{pmatrix} 0 & \dfrac{n}{2} & 0 \\ \dfrac{n}{2} & 0 & 0 \\ 0 & 0 & 0 \end{pmatrix} \qquad (2-42(d))$$

$$\boldsymbol{D}^{yz} = \begin{pmatrix} 0 & 0 & 0 \\ 0 & 0 & \dfrac{n}{2} \\ 0 & \dfrac{n}{2} & 0 \end{pmatrix} \qquad (2-42(\mathrm{e}))$$

$$\boldsymbol{D}^{zx} = \begin{pmatrix} 0 & 0 & \dfrac{n}{2} \\ 0 & 0 & 0 \\ \dfrac{n}{2} & 0 & 0 \end{pmatrix} \qquad (2-42(\mathrm{f}))$$

因此，由式(2-34)及式(2-42)得到硅基应变材料价带形变势模型 $\boldsymbol{H}_{\mathrm{strain}}$ 为

$$\boldsymbol{H}_{\mathrm{strain}} = \begin{pmatrix} l\varepsilon_{xx}+m(\varepsilon_{yy}+\varepsilon_{zz}) & n\varepsilon_{xy} & n\varepsilon_{zx} \\ n\varepsilon_{xy} & l\varepsilon_{yy}+m(\varepsilon_{xx}+\varepsilon_{zz}) & n\varepsilon_{yz} \\ n\varepsilon_{zx} & n\varepsilon_{yz} & l\varepsilon_{zz}+m(\varepsilon_{yy}+\varepsilon_{xx}) \end{pmatrix} \quad (2-43)$$

其中，l、m 和 n 由形变势参数 a、b、d（其值见表 2.6）表征，即

$$\begin{cases} a = \dfrac{l+2m}{3} \\ b = \dfrac{l-m}{3} \\ d = \dfrac{n}{\sqrt{3}} \end{cases}$$

表 2.6　本节所用参数

参　数	单　位	Si	Ge
Ξ_d^{Δ}	eV	1.75	-0.59
Ξ_u^{Δ}	eV	9.16	9.42
a	eV	2.1	2.0
b	eV	-1.5	-2.2
d	eV	-3.4	-4.4

在 $|\varphi_1, \uparrow\rangle$、$|\varphi_2, \uparrow\rangle$、$|\varphi_3, \uparrow\rangle$、$|\varphi_1, \downarrow\rangle$、$|\varphi_2, \downarrow\rangle$、$|\varphi_3, \downarrow\rangle$ 基表象下，应变矩阵 $\boldsymbol{S}$ 具有如下形式：

$$\boldsymbol{S} = \begin{pmatrix} \boldsymbol{H}_{\mathrm{strain}} & \mathbf{0} \\ \mathbf{0} & \boldsymbol{H}_{\mathrm{strain}} \end{pmatrix} \qquad (2-44)$$

需要特别指出，式(2-44)是在自旋耦合与应变相互独立的前提下获得的。

2.4　定态微扰理论

基于 $\boldsymbol{k} \cdot \boldsymbol{p}$ 法研究硅基应变材料 $E-k$ 关系，需要研究定态微扰理论。

在量子力学中，基于薛定谔方程获得体系能量本征值和本征函数时往往需要简化处理

很小的附加量的问题，而微扰论是常采用的方法之一。

设体系的哈密顿量为 H，能量本征方程为

$$H\varphi = E\varphi \tag{2-45}$$

通常有小附加量存在时，H 可以分为两个部分，即

$$H = H_0 + H' = H_0 + \lambda W \tag{2-46}$$

其中：H_0 为可精确求解的部分；H' 为微扰，$H' = \lambda W$，λ 是一个很小的量，即 $|\lambda| \ll 1$。微扰论的具体形式多种多样，但基本思路相同，即逐级近似。

2.4.1　能级非简并情况

本小节按照逐级近似的思路求解能量本征方程(2-45)。已知

$$H_0 \varphi_n^{(0)} = E_n^{(0)} \varphi_n^{(0)} \tag{2-47}$$

令

$$E = E^{(0)} + \lambda E^{(1)} + \lambda^2 E^{(2)} + \cdots \tag{2-48}$$

$$\varphi = \varphi^{(0)} + \lambda \varphi^{(1)} + \lambda^2 \varphi^{(2)} + \cdots \tag{2-49}$$

式中，$E^{(0)}$ 和 $\varphi^{(0)}$ 是零级近似解。把式(2-47)～式(2-49)代入方程(2-45)，比较方程两边 λ 的同幂次项，可得到如下各级近似方程：

$$\lambda^0: \quad H_0 \varphi^{(0)} = E^{(0)} \varphi^{(0)} \tag{2-50(a)}$$

$$\lambda^1: \quad H_0 \varphi^{(1)} + W\varphi^{(0)} = E^{(0)} \varphi^{(1)} + E^{(1)} \varphi^{(0)} \tag{2-50(b)}$$

$$\lambda^2: \quad H_0 \varphi^{(2)} + W\varphi^{(1)} = E^{(0)} \varphi^{(2)} + E^{(1)} \varphi^{(1)} + E^{(2)} \varphi^{(0)} \tag{2-50(c)}$$

以下逐级求解。

首先，假设不考虑微扰时，体系处于 H_0 的某非简并能级 $E_k^{(0)}$，即

$$E^{(0)} = E_k^{(0)} \tag{2-51}$$

k 可以是任一非简并状态，相应的波函数为

$$\varphi^{(0)} = \varphi_k^{(0)} \tag{2-52}$$

对于一级近似，令

$$\varphi^{(1)} = \sum_n a_n^{(1)} \varphi_n^{(0)} \tag{2-53}$$

把式(2-51)～式(2-53)代入式(2-50(b))，得

$$\sum_n a_n^{(1)} E_n^{(0)} \varphi_n^{(0)} + W\varphi_k^{(0)} = E_k^{(0)} \sum_n a_n^{(1)} \varphi_n^{(0)} + E^{(1)} \varphi_k^{(0)} \tag{2-54}$$

等式两边左乘 $\varphi_m^{(0)*}$ 并积分，利用 H_0 的本征函数的正交归一性，得

$$a_m^{(1)} E_m^{(0)} + W_{mk} = E_k^{(0)} a_m^{(1)} + E^{(1)} \delta_{mk} \tag{2-55}$$

式中，$W_{mk} = (\varphi_m^{(0)}, W\varphi_k^{(0)})$。当 $m = k$ 时，式(2-55)为

$$E^{(1)} = W_{kk} = (\varphi_k^{(0)}, W\varphi_k^{(0)}) \tag{2-56}$$

$\lambda E^{(1)}$ 即能量的一级修正，它是微扰在零级波函数下的平均值。式(2-55)中，当 $m \neq k$ 时，有

$$a_m^{(1)} = \frac{W_{mk}}{E_k^{(0)} - E_m^{(0)}} \tag{2-57}$$

至于 $a_k^{(1)}$，可以证明其值为零。因此，在一级近似下，

$$E_k = E_k^{(0)} + \lambda W_{kk} = E_k^{(0)} + H'_{kk} \tag{2-58(a)}$$

$$\varphi_k = \varphi_k^{(0)} + \sum_n{}' \frac{H'_{nk}}{E_k^{(0)} - E_n^{(0)}} \varphi_n^{(0)} \tag{2-58(b)}$$

式(2-58)中，$\sum_n{}'$ 是指对一切 $n(n \neq k)$ 能级和量子态求和，E_n 可以是简并的，也可以是非简并的。如果是简并的，则 $\sum_n{}'$ 表示对属于 E_n 的所有简并态求和。

对于二级近似，令

$$\varphi^{(2)} = \sum_n a_n^{(2)} \varphi_n^{(0)} \tag{2-59}$$

将其代入式(2-50(c))，并利用式(2-51)、式(2-52)及一级近似解，可得

$$\sum_n a_n^{(2)} E_n^{(0)} \varphi_n^{(0)} + W \sum_n a_n^{(1)} \varphi_n^{(0)} = E_k^{(0)} \sum_n a_n^{(2)} \varphi_n^{(0)} + W_{kk} \sum_n{}' a_n^{(1)} \varphi_n^{(0)} + E^{(2)} \varphi_k^{(0)}$$

等式两边左乘 $\varphi_m^{(0)*}$，并积分，得

$$a_m^{(2)} E_m^{(0)} + \sum_n a_n^{(1)} W_{mn} = E_k^{(0)} a_m^{(2)} + W_{kk} a_m^{(1)} + E^{(2)} \delta_{mk} \tag{2-60}$$

当 $m=k$ 时，

$$E^{(2)} = \sum_n{}' a_n^{(1)} W_{kn} = \sum_n{}' \frac{W_{nk} W_{kn}}{E_k^{(0)} - E_n^{(0)}} = \sum_n{}' \frac{|W_{nk}|^2}{E_k^{(0)} - E_n^{(0)}}$$

因此，在二级近似下，能量本征值为

$$E_k = E_k^{(0)} + \lambda W_{kk} + \lambda^2 \sum_n{}' \frac{|W_{nk}|^2}{E_k^{(0)} - E_n^{(0)}}$$

$$E_k = E_k^{(0)} + H'_{kk} + \sum_n{}' \frac{|H'_{nk}|^2}{E_k^{(0)} - E_n^{(0)}} \tag{2-61}$$

2.4.2　能级简并情况

对于一级近似，这里采用 Dirac 符号表示，设

$$H_0 |nv\rangle = E_n^{(0)} |nv\rangle \qquad (v = 1, 2, \cdots, f_n)$$

$$\langle m\mu | nv \rangle = \delta_{mn} \delta_{\mu v} \tag{2-62}$$

v 是标记简并态的量子数，$E_n^{(0)}$ 能级是 f_n 重简并，诸简并态正交归一化。

能量本征方程为

$$H |\varphi\rangle = (H_0 + \lambda W) |\varphi\rangle = E |\varphi\rangle \tag{2-63}$$

在 H_0 表象中，左乘 $\langle m\mu |$，得到

$$\langle m\mu | (H_0 + \lambda W) |\varphi\rangle = \langle m\mu | E |\varphi\rangle \tag{2-64}$$

利用完备性关系 $\sum_{nv} |nv\rangle\langle nv| = 1$，式(2-64)的左边化为

$$\sum_{nv} \langle m\mu | (H_0 + \lambda W) |nv\rangle \langle nv|\varphi\rangle = E_m^{(0)} C_{m\mu} + \lambda \sum_{nv} W_{m\mu, nv} C_{nv}$$

式中，$W_{m\mu, nv} = \langle m\mu | W | nv \rangle$，$C_{nv} = \langle nv | \varphi \rangle$。于是由式(2-64)可以获得 H_0 表象中的能量本征方程：

$$E_m^{(0)} C_{m\mu} + \lambda \sum_{nv} W_{m\mu, nv} C_{nv} = E C_{m\mu} \tag{2-65}$$

与非简并情况类似，用微扰论来逐级近似求解方程(2-65)。令

$$E = E^{(0)} + \lambda E^{(1)} + \lambda^2 E^{(2)} + \cdots \tag{2-66}$$

$$C_{nv} = C_{nv}^{(0)} + \lambda C_{nv}^{(1)} + \lambda^2 C_{nv}^{(2)} + \cdots \tag{2-67}$$

将其代入式(2-65)，比较两边的 λ 同幂次项，得到

$$\lambda^0 : (E^{(0)} - E_m^{(0)})C_{m\mu}^{(0)} = 0 \tag{2-68(a)}$$

$$\lambda^1 : (E^{(0)} - E_m^{(0)})C_{m\mu}^{(1)} + E^{(1)}C_{m\mu}^{(0)} - \sum_{nv}W_{m\mu,\,nv}C_{nv}^0 = 0 \tag{2-68(b)}$$

假设要处理的能级为 $E_k^{(0)}$，即

$$E^{(0)} = E_k^{(0)} \tag{2-69}$$

由于能级的简并性，它对应的零级波函数是不确定的。

由式(2-68(a))和式(2-69)可得

$$C_{m\mu}^{(0)} = a_\mu \delta_{mk} \tag{2-70}$$

式(2-70)表明，$E_k^{(0)}$ 的零级波函数是 $E_k^{(0)}$ 诸简并态 $|k\mu\rangle$ 的某种线性叠加，即它们总是在 $E_k^{(0)}$ 的诸简并态张开的 f_k 维子空间中。因此，可以得到

$$|\varphi_{ka}\rangle = \sum_v a_{av}|kv\rangle \qquad (a = 1, 2, \cdots, f_k) \tag{2-71}$$

$$E_k^{(1)} = E_k^{(0)} + \lambda E_{ka}^{(1)} \qquad (a = 1, 2, \cdots, f_k) \tag{2-72}$$

2.5　硅基应变材料导带 E-k 关系

单电子近似下，硅基应变材料薛定谔方程可表示为

$$\left[-\frac{\hbar^2}{2m_0}\boldsymbol{\nabla}^2 + V'(\boldsymbol{r}) \right]\varphi(\boldsymbol{r}) = E\varphi(\boldsymbol{r}) \tag{2-73}$$

式中

$$V'(\boldsymbol{r}) = V_{\text{unstrain}}(\boldsymbol{r}) + V_{\text{deformation}}(\boldsymbol{r}) \tag{2-74}$$

其中，$V_{\text{unstrain}}(\boldsymbol{r})$ 是弛豫 Si 材料的晶格周期性势场，$V_{\text{deformation}}(\boldsymbol{r})$ 是晶格形变势场。

外延生长过程中，硅基应变薄膜在临界厚度范围内与衬底的晶格常数一致，式(2-73)中的本征函数具有布洛赫波函数形式：

$$\varphi_{nk}(\boldsymbol{r}) = e^{i\boldsymbol{k}\cdot\boldsymbol{r}}u_{nk}(\boldsymbol{r}) \tag{2-75}$$

式中，n 是能带指标，波矢 $\boldsymbol{k}$ 在整个布里渊区内变化。

将式(2-75)代入式(2-73)，因为

$$\boldsymbol{\nabla}^2(e^{i\boldsymbol{k}\cdot\boldsymbol{r}}u_{nk}(\boldsymbol{r})) = (-\boldsymbol{k}^2 + 2i\boldsymbol{k}\boldsymbol{\nabla} + \boldsymbol{\nabla}^2)e^{i\boldsymbol{k}\cdot\boldsymbol{r}}u_{nk}(\boldsymbol{r}) \tag{2-76}$$

所以最终得到

$$\left[\frac{\hat{p}^2}{2m_0} + \frac{\hbar}{m_0}\boldsymbol{k}\cdot\hat{p} + \frac{\hbar^2\boldsymbol{k}^2}{2m_0} + V'(\boldsymbol{r}) \right]u_{nk}(\boldsymbol{r}) = H_k u_{nk}(\boldsymbol{r}) = E_n^i(\boldsymbol{k})u_{nk}(\boldsymbol{r}) \tag{2-77}$$

式中，$\hat{p} = -i\hbar\boldsymbol{\nabla}$ 是动量算符。

用零级波函数在 6 个能谷极值中的任意一个 $\boldsymbol{k}_0^i (i=1\sim6)$ 处展开 u_{nk}，可得

$$u_{nk}(\boldsymbol{r}) = \sum A_{m'}(\boldsymbol{k} - \boldsymbol{k}_0^i)u_{nk_0^i}(\boldsymbol{r}) \tag{2-78}$$

其中，$A_{m'}$ 为展开后系数。同时，将式(2-77)写为 $\boldsymbol{k}_0^i$ 表象形式：

$$(H_{k_0^i} + H_{k\cdot\hat{p}} + H_{\text{strain}})u_{nk}(\boldsymbol{r}) = E_n^i(\boldsymbol{k})u_{nk}(\boldsymbol{r}) \tag{2-79}$$

式中,

$$H_{k_0^i} = \frac{\hat{p}^2}{2m_0} + \frac{\hbar}{m_0}k_0^i \cdot \hat{p} + \frac{\hbar^2\,k_0^{i2}}{2m_0} + V_{\text{unstrain}}(\boldsymbol{r}) \qquad (2-80)$$

$$H_{k \cdot \hat{p}} = \frac{\hbar}{m_0}\big[(\boldsymbol{k}-\boldsymbol{k}^i)\big]\cdot\hat{p} + \frac{\hbar^2\,(\boldsymbol{k}^2-k_0^{i2})}{2m_0} \qquad (2-81)$$

$$H_{\text{strain}} = V_{\text{deformation}}(\boldsymbol{r}) \qquad (2-82)$$

极值附近 $\boldsymbol{k}-\boldsymbol{k}^i$ 处弹性应变足够小, $H_{k\cdot\hat{p}}(\boldsymbol{k}-\boldsymbol{k}_0) + H_{\text{strain}}(\boldsymbol{k}-\boldsymbol{k}_0)$ 项可视为微扰。形变势场 $V_{\text{deformation}}(\boldsymbol{r})$ 在 $\boldsymbol{k}_0^i$ 的邻域内不随波矢 $\boldsymbol{k}$ 变化,可视为常数(为了讨论方便,将 $H_{\text{strain}}(\boldsymbol{k}-\boldsymbol{k}_0)$ 表示为 $V_{k_0^i}$)。

基于以上分析,将式(2-78)代入式(2-77),方程两边左乘 $u_{nk_i}^*$,并在整个布里渊区内积分,得到

$$\sum_{n'}\left\{\left[E_n^i(\boldsymbol{k}_0^i) + \frac{\hbar^2\,(\boldsymbol{k}^2-k_0^{i2})}{2m_0} + V_{k_0^i}\right]\delta_{m'}A_{m'} + \frac{\hbar}{m_0}(\boldsymbol{k}-\boldsymbol{k}_0^i)\cdot\boldsymbol{p}_{m'}(\boldsymbol{k}_0^i)\right\}A_{m'} = E_n^i(\boldsymbol{k})A_{m'}$$

$$(2-83)$$

式中,

$$\boldsymbol{p}_{m'}(\boldsymbol{k}_0^i) = \langle u_{nk_0^i} \mid \hat{p} \mid u_{n'k_0^i}\rangle = \int_{\Omega_0} u_{nk_0^i}^*\,\hat{p}\,u_{n'k_0^i}\,\mathrm{d}\boldsymbol{r} \qquad (2-84)$$

应用定态微扰理论,结合方程(2-83),可得

$$E_n^i(\boldsymbol{k}) = E_n^i(\boldsymbol{k}_0^i) + E_n^{i\prime}(\boldsymbol{k}_0^i) + E_n^{i\prime\prime}(\boldsymbol{k}_0^i)$$

$$= E_n^i(\boldsymbol{k}_0^i) + V_{k_0^i} + \frac{\hbar^2\,(\boldsymbol{k}^2-k_0^{i2})}{2m_0} + \frac{\hbar}{m_0}(\boldsymbol{k}-\boldsymbol{k}_0^i)\cdot\boldsymbol{p}_{m'}(\boldsymbol{k}_0^i)$$

$$+ \frac{\hbar^2}{m_0^2}\sum_{n'\neq n}\frac{(\boldsymbol{k}-\boldsymbol{k}_0^i)\cdot\boldsymbol{p}_{m'}(\boldsymbol{k}_0^i)(\boldsymbol{k}-\boldsymbol{k}_0^i)\cdot\boldsymbol{p}_{n'n}(\boldsymbol{k}_0^i)}{E_n^i(\boldsymbol{k}_0^i) - E_{n'}^i(\boldsymbol{k}_0^i)} \qquad (2-85)$$

式中:一级修正项 $E_n^{i\prime}(\boldsymbol{k}_0^i)$ 可通过式(2-83)获得,即

$$E_n^{i\prime}(\boldsymbol{k}_0^i) = V_{k_0^i} + \frac{\hbar^2\,(\boldsymbol{k}^2-k_0^{i2})}{2m_0} + \frac{\hbar}{m_0}(\boldsymbol{k}-\boldsymbol{k}_0^i)\cdot\boldsymbol{p}_{m'}(\boldsymbol{k}_0^i) \qquad (2-86)$$

二级修正项 $E_n^{i\prime\prime}(\boldsymbol{k}_0^i)$ 的建立过程如下:

$$E_n^{i\prime\prime}(\boldsymbol{k}_0^i) = \sum_{n'\neq n}\left\{\frac{\hbar}{m_0}(\boldsymbol{k}-\boldsymbol{k}_0^i)\cdot\boldsymbol{p}_{m'}(\boldsymbol{k}_0^i) + \left[\frac{\hbar^2\,(\boldsymbol{k}^2-k_0^{i2})}{2m_0} + V_{k_0^i}\right]\delta_{m'}\right\}$$

$$\times \left\{\frac{\hbar}{m_0}(\boldsymbol{k}-\boldsymbol{k}_0^i)\cdot\boldsymbol{p}_{n'n}(\boldsymbol{k}_0^i) + \left[\frac{\hbar^2\,(\boldsymbol{k}^2-k_0^{i2})}{2m_0} + V_{k_0^i}\right]\delta_{n'n}\right\} \div \left[E_n^i(\boldsymbol{k}_0^i) - E_{n'}^i(\boldsymbol{k}_0^i)\right]$$

$$= \frac{\hbar^2}{m_0^2}\sum_{n'\neq n}\frac{(\boldsymbol{k}-\boldsymbol{k}_0^i)\cdot\boldsymbol{p}_{m'}(\boldsymbol{k}_0^i)(\boldsymbol{k}-\boldsymbol{k}_0^i)\cdot\boldsymbol{p}_{n'n}(\boldsymbol{k}_0^i)}{E_n^i(\boldsymbol{k}_0^i) - E_{n'}^i(\boldsymbol{k}_0^i)} \qquad (2-87)$$

而用 $\boldsymbol{k}\cdot\boldsymbol{p}$ 微扰法研究弛豫 Si 导带的相关表达式为

$$E_n^i(\boldsymbol{k}) = E_n^i(\boldsymbol{k}_0^i) + E_n^{i\prime}(\boldsymbol{k}_0^i) + E_n^{i\prime\prime}(\boldsymbol{k}_0^i)$$

$$= E_n^i(\boldsymbol{k}_0^i) + \frac{\hbar^2\,(\boldsymbol{k}^2-k_0^{i2})}{2m_0} + \frac{\hbar}{m_0}(\boldsymbol{k}-\boldsymbol{k}_0^i)\cdot\boldsymbol{p}_{m'}(\boldsymbol{k}_0^i)$$

$$+ \frac{\hbar^2}{m_0^2}\sum_{n'\neq n}\frac{(\boldsymbol{k}-\boldsymbol{k}_0^i)\cdot\boldsymbol{p}_{m'}(\boldsymbol{k}_0^i)(\boldsymbol{k}-\boldsymbol{k}_0^i)\cdot\boldsymbol{p}_{n'n}(\boldsymbol{k}_0^i)}{E_n^i(\boldsymbol{k}_0^i) - E_{n'}^i(\boldsymbol{k}_0^i)} \qquad (2-88)$$

将式(2-85)与式(2-88)比较,可发现式(2-85)比式(2-88)只多了 $V_{k_0^i}$ 一项,这意味着式(2-85)中除 $V_{k_0^i}$ 以外的其他物理量均可以使用弛豫 Si 已有的相关结论。

最后，经过如下过程可将式(2-85)化为显含有效质量的表达式。

因为 $\boldsymbol{k}_0^i$ 是极值点，即

$$(\boldsymbol{\nabla}_k E_n^i)_{k=k_0^i} = 0 \tag{2-89}$$

将式(2-89)与式(2-83)联立，可得

$$\boldsymbol{p}_{nn'}(\boldsymbol{k}_0^i) + \hbar \boldsymbol{k}_0^i = \mathbf{0} \tag{2-90}$$

利用式(2-90)可将式(2-85)转化为如下形式：

$$E_n^i(\boldsymbol{k}) = E_n^i(\boldsymbol{k}_0^i) + V_{k_0^i} + \frac{\hbar^2}{2} \sum_{\alpha,\beta=1}^{3} \left(\frac{1}{m_{\alpha\beta}^i}\right)_n (k_\alpha^i - k_{0\alpha}^i)(k_\beta^i - k_{0\beta}^i) \tag{2-91}$$

式中，

$$\left(\frac{1}{m_{\alpha\beta}^i}\right)_n = \frac{\delta_{\alpha\beta}}{m_0} + \frac{2}{m_0^2} \sum_{n' \neq n} \frac{p_{nn'}^\alpha(\boldsymbol{k}_0^i) p_{n'n}^\beta(\boldsymbol{k}_0^i)}{E_n^i(\boldsymbol{k}_0^i) - E_{n'}^i(\boldsymbol{k}_0^i)} \tag{2-92}$$

$p_{nn'}^\alpha(\boldsymbol{k}_0^i)$ 是 $\boldsymbol{p}_{nn'}(\boldsymbol{k}_0^i)$ 的第 α 个元素（指标 α、β 指坐标系 x、y、z）。

进一步化简式(2-91)，可得硅基应变材料的导带 Δ_i 能谷 E-$\boldsymbol{k}$ 关系为

$$E^i(\boldsymbol{k}) = E_c(\boldsymbol{k}_0) + \Delta E_c^i + \frac{\hbar^2}{2}\left[\frac{(k_x - k_{0x}^i)^2}{m_x^*} + \frac{(k_x - k_{0y}^i)^2}{m_y^*} + \frac{(k_x - k_{0z}^i)^2}{m_z^*}\right] \tag{2-93}$$

式中：$E_c(\boldsymbol{k}_0)$ 为弛豫 Si 导带底能谷能级；ΔE_c^i 为硅基应变材料导带能谷能级移动量；$(k_{0x}^i, k_{0y}^i, k_{0z}^i)$ 为导带底能谷能级 $\boldsymbol{k}_0$ 矢位置；m_x^*、m_y^*、m_z^*（或者为 m_l（导带能谷长轴电子有效质量）、m_t（导带能谷短轴电子有效质量））为弛豫硅基材料导带能谷有效质量。

式(2-93)显示的硅基应变材料的导带 Δ_i 能谷 E-$\boldsymbol{k}$ 关系表明：硅基应变材料导带底能谷能级 $\boldsymbol{k}_0$ 矢位置($k_{0x}^i, k_{0y}^i, k_{0z}^i$)与弛豫硅基材料的一致，在应变的作用下其没有移动；能量项 ΔE_c^i 的出现说明应变引起了硅基应变材料导带能谷能级的移动，该变化量可由硅基应变材料导带形变势模型确定（见 2.3 节）；结论"应变没有引起硅基应变材料导带能谷电子有效质量的变化"目前存在一定争议。例如，Soline Richard 报道应变增加了 m_l，而 Rieger 等报道应变减小了 m_l。鉴于这些文献报道的 m_l 值都是从小数点后第 2 位开始变化的（见图 2.5，图中 m_0 表示电子静止质量），作者认为其可视为不变。仍需补充说明的是，由于很难制备高质量的 $Si_{1-x}Ge_x$ 体材料和薄膜结构，目前还没有关于 $Si_{1-x}Ge_x$ 合金的电子质量的实验数据。然而，理论计算（非局域赝势计算）指出，在 Ge 含量高到接近 85% 时，$Si_{1-x}Ge_x$ 合金的导带仍保持为类 Si 的结构，二者的有效质量没有显著变化（见图 2.6）。因此，本书弛豫 $Si_{1-x}Ge_x$ 的电子有效质量不是通过线性插值的方法获得的，而是取用弛豫 Si 的电子有效质量。

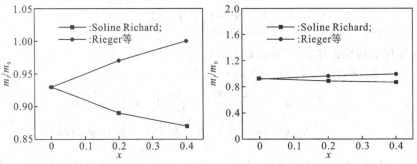

图 2.5　硅基应变材料导带能谷电子有效质量不变验证示意图

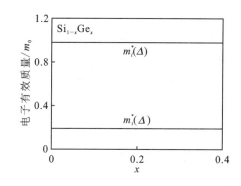

图 2.6　弛豫 $Si_{1-x}Ge_x$ 电子有效质量与组分 x 的关系

　　下面对式(2-93)所示的硅基应变材料导带 Δ_i 能谷 E - k 关系作定性解释:对于弛豫 $Si_{1-x}Ge_x$ 上外延生长应变 Si 和弛豫 Si 上外延生长应变 $Si_{1-x}Ge_x$,导带底能谷极值 $\boldsymbol{k}_0$ 矢 $(k_{0x}^i, k_{0y}^i, k_{0z}^i)$ 处的邻域内,形变势场不随 $\boldsymbol{k}$ 矢的变化而变化(即可以视为常数),导带底能谷极值 $\boldsymbol{k}_0$ 矢 $(k_{0x}^i, k_{0y}^i, k_{0z}^i)$ 处邻域内的各点在形变势场的作用下能量位移相同。此外,硅基应变材料导带底能谷的简并是 $\boldsymbol{k}$ 矢的简并,即各能谷对应不同的 $\boldsymbol{k}$ 矢位置(见图2.7),形变势场虽然引起了各能谷能级的移动,但由于每个 $\boldsymbol{k}$ 矢能谷不存在能量很靠近的其他态,各能谷之间的能量耦合作用可以忽略。

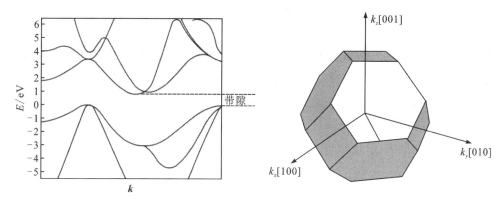

图 2.7　硅基应变材料导带底能谷简并度示意图

　　综合以上两个方面,硅基应变材料导带底能谷附近(即 $\boldsymbol{k}_0$ 矢 $(k_{0x}^i, k_{0y}^i, k_{0z}^i)$ 处的邻域内)能带形状(由电子有效质量 m_l、m_t 表征)在形变势场作用下保持不变,因而其导带能谷能级 $\boldsymbol{k}$ 矢位置和电子有效质量在应力的作用下没有发生变化,应与弛豫 Si 材料的相同。

2.6　硅基应变材料价带 E - k 关系

　　如何引入和处理单电子薛定谔方程中的价带形变势模型是建立硅基应变材料价带 E - k 关系的关键,为此,需要深入讨论弛豫 Si 价带 E - k 关系。

2.6.1　弛豫 Si 价带 E - k 关系

　　$\boldsymbol{k}_0$ 处周期性势场 $V(\boldsymbol{r})$ 的单电子薛定谔方程为

$$\left[\frac{\boldsymbol{p}^2}{2m}+V(\boldsymbol{r})\right]\varphi_n = E_{k_0}\varphi_n \tag{2-94}$$

其本征能量 $E_n(\boldsymbol{k}_0)$ 对应的本征函数为

$$\varphi_n(\boldsymbol{k}_0, \boldsymbol{r}) = e^{i\boldsymbol{k}_0\cdot\boldsymbol{r}}u_n(\boldsymbol{k}_0, \boldsymbol{r}) \tag{2-95}$$

则 $u_n(\boldsymbol{k}_0, \boldsymbol{r})$ 满足：

$$\left[\frac{\boldsymbol{p}^2}{2m}+\frac{\hbar}{m}\boldsymbol{k}_0\cdot\boldsymbol{p}+\frac{\hbar^2\boldsymbol{k}_0^2}{2m}+V(\boldsymbol{r})-E_n(\boldsymbol{k}_0)\right]u_n(\boldsymbol{k}_0, \boldsymbol{r})=0 \tag{2-96}$$

$u_n(\boldsymbol{k}_0, \boldsymbol{r})$ 具有与势场 $V(\boldsymbol{r})$ 相同的周期性。于是，用 $\boldsymbol{k}\cdot\boldsymbol{p}$ 微扰法能得到 $\boldsymbol{k}=\boldsymbol{k}_0+\Delta\boldsymbol{k}$ 处的解。将 $\boldsymbol{k}$ 处的波函数 $\varphi_n(\boldsymbol{k}, \boldsymbol{r})$ 写成

$$\varphi_n(\boldsymbol{k}, \boldsymbol{r}) = e^{i\boldsymbol{k}\cdot\boldsymbol{r}}u_n(\boldsymbol{k}, \boldsymbol{r}) \tag{2-97}$$

将其代入单电子薛定谔方程，可得

$$\left\{\left[\frac{\boldsymbol{p}^2}{2m}+\frac{\hbar\boldsymbol{k}_0\cdot\boldsymbol{p}}{m}+\frac{\hbar^2\boldsymbol{k}_0^2}{2m}+V(\boldsymbol{r})\right]+\left[\frac{\hbar}{m}\Delta\boldsymbol{k}\cdot\boldsymbol{p}\right]-\left[E_n(\boldsymbol{k}_0)+\frac{\hbar^2}{2m}(\boldsymbol{k}_0^2-\boldsymbol{k}^2)\right]\right\}u_n(\boldsymbol{k}, \boldsymbol{r})=0 \tag{2-98}$$

等式左边第一个方括号内的量看作零级哈密顿量，第二个方括号内的量看作微扰，第三个方括号内的量只相当于能量的平移。

对于弛豫 Si 价带，能量极值位于布里渊区中心，则 $\boldsymbol{k}_0=\boldsymbol{0}$，式(2-98)可以化简为

$$\left[\frac{\boldsymbol{p}^2}{2m}+V(\boldsymbol{r})+\frac{\hbar}{m}\boldsymbol{k}\cdot\boldsymbol{p}\right]u_n(\boldsymbol{k}, \boldsymbol{r})=\left[E_k-\frac{\hbar^2\boldsymbol{k}^2}{2m}\right]u_n(\boldsymbol{k}, \boldsymbol{r}) \tag{2-99}$$

其中 $\frac{\hbar}{m}\boldsymbol{k}\cdot\boldsymbol{p}$ 这一项就是微扰项，通过微扰项可以获得本征能量以及本征函数在 $\boldsymbol{k}=\boldsymbol{0}$ 附近的值。

弛豫 Si 价带结构模型属简并的能带情况，需要采用 $\boldsymbol{k}\cdot\boldsymbol{p}$ 微扰理论中的能级简并情况进行分析。

假设第 n 能带是 f_n 度简并的，即

$$H_0\mid\varphi_{n_v}(\boldsymbol{k}_0, \boldsymbol{r})\rangle = E_n(\boldsymbol{k}_0)\mid\varphi_{n_v}(\boldsymbol{k}_0, \boldsymbol{r})\rangle \qquad (n_v=1, 2, \cdots, f_n) \tag{2-100}$$

为了求得二级微扰能量 $E^{(2)}(\boldsymbol{k})$，必须有含一级微扰修正的波函数，即

$$u_{n_v}(\boldsymbol{k}, \boldsymbol{r}) = u_{n_v}(\boldsymbol{k}_0, \boldsymbol{r}) + \sum_{m\neq n}\frac{\langle u_{n_v}(\boldsymbol{k}_0, \boldsymbol{r})\mid H_{k\cdot p}\mid u_m(\boldsymbol{k}_0, \boldsymbol{r})\rangle}{E_n(\boldsymbol{k}_0)-E_m(\boldsymbol{k}_0)}u_m(\boldsymbol{k}_0, \boldsymbol{r}) \tag{2-101}$$

于是可令 k 处的波函数为

$$u(\boldsymbol{k}, \boldsymbol{r}) = \sum_{n_v=1}^{f_n}a_{n_v}u_{n_v}(\boldsymbol{k}_0, \boldsymbol{r}) \tag{2-102}$$

系数 a_{n_v} 及二级能量修正 $E^{(2)}(\boldsymbol{k})$ 由下述方程决定：

$$H_{k\cdot p}u(\boldsymbol{k}, \boldsymbol{r}) = E^{(2)}(\boldsymbol{k})u(\boldsymbol{k}, \boldsymbol{r}) \tag{2-103}$$

选取 $E_n(\boldsymbol{k}_0)$ 作为能量计算的起点，由此可得线性方程组：

$$\sum_{n_{v'}}^{f_n}\left\{\sum_m{}'\frac{\langle n_v\mid H_{k\cdot p}\mid m\rangle\langle m\mid H_{k\cdot p}\mid n_v\rangle}{E_n(\boldsymbol{k}_0)-E_m(\boldsymbol{k}_0)}-E^{(2)}(\boldsymbol{k})\delta_{n_v n_{v'}}\right\}a_{n_{v'}}=0 \tag{2-104}$$

其中，$\sum_m{}'$ 表示对所有 $E_n(\boldsymbol{k}_0)-E_m(\boldsymbol{k}_0)\neq0$ 的态求和。这个方程组有非平庸解的条件是其

系数行列式等于零，即

$$\left| \sum_{m}{}' \frac{\langle n_v \mid H_{\boldsymbol{k \cdot p}} \mid m \rangle \langle m \mid H_{\boldsymbol{k \cdot p}} \mid n_v \rangle}{E_n(\boldsymbol{k}_0) - E_m(\boldsymbol{k}_0)} - E^{(2)}(\boldsymbol{k}) \delta_{n_v n_{v'}} \right| = 0 \qquad (2-105)$$

式中

$$\langle n_v \mid H_{\boldsymbol{k \cdot p}} \mid m \rangle = \langle u_{n_v}(\boldsymbol{k}_0, \boldsymbol{r}) \mid H_{\boldsymbol{k \cdot p}} \mid u_m(\boldsymbol{k}_0, \boldsymbol{r}) \rangle \qquad (2-106)$$

由式(2-105)即可求得 $E^{(2)}(\boldsymbol{k})$。

弛豫 Si 的价带顶在 Γ 点($\boldsymbol{k}_0 = \boldsymbol{0}$)是三度简并状态。这些状态 $u_{n_v}(\boldsymbol{k}_0, \boldsymbol{r}) = \phi_v(\boldsymbol{r})$ 依下列函数方式变换：

$$\begin{cases} \phi_1 \sim yz f(\boldsymbol{r}) \\ \phi_2 \sim zx f(\boldsymbol{r}) \\ \phi_3 \sim xy f(\boldsymbol{r}) \end{cases} \qquad (2-107)$$

式(2-104)的矩阵元

$$D_{vv'} = \sum_{m}{}' \frac{\langle v \mid H_{\boldsymbol{k \cdot p}} \mid m \rangle \langle m \mid H_{\boldsymbol{k \cdot p}} \mid v' \rangle}{E_n(\boldsymbol{0}) - E_m(\boldsymbol{0})} \qquad (2-108)$$

该二次式的形式不因分母 $E_n(\boldsymbol{0}) - E_m(\boldsymbol{0})$ 而改变，因而

$$\sum_{m \neq v'} \langle v \mid H_{\boldsymbol{k \cdot p}} \mid m \rangle \langle m \mid H_{\boldsymbol{k \cdot p}} \mid v' \rangle = \langle v \mid H_{\boldsymbol{k \cdot p}}^2 \mid v' \rangle \qquad (2-109)$$

由于

$$\boldsymbol{k} \cdot \boldsymbol{p} = -\hbar^2 \left(k_x^2 \frac{\partial^2}{\partial x^2} + k_y^2 \frac{\partial^2}{\partial y^2} + k_z^2 \frac{\partial^2}{\partial z^2} + k_x k_y \frac{\partial^2}{\partial x \partial y} + \cdots \right) \qquad (2-110)$$

因此，可以求得

$$\begin{aligned} \langle \phi_1 \mid (\boldsymbol{k} \cdot \boldsymbol{p})^2 \mid \phi_1 \rangle \sim{} & k_x^2 \int yz f yz \left[\frac{f'}{\boldsymbol{r}} - \frac{2x^2}{\boldsymbol{r}^2}(f' - f'') \right] \mathrm{d}\boldsymbol{r} + k_y^2 \int yz f yz \left[\frac{3f'}{\boldsymbol{r}} - \frac{2y^2}{\boldsymbol{r}^2}(f' - f'') \right] \mathrm{d}\boldsymbol{r} \\ & + k_z^2 \int yz f yz \left[\frac{3f'}{\boldsymbol{r}} - \frac{2z^2}{\boldsymbol{r}^2}(f' - f'') \right] \mathrm{d}\boldsymbol{r} + k_x k_y \int yz f xz \left[\frac{f'}{\boldsymbol{r}} - \frac{2y^2}{\boldsymbol{r}^2}(f' - f'') \right] \mathrm{d}\boldsymbol{r} \\ & + \cdots \end{aligned} \qquad (2-111)$$

其中，

$$\begin{cases} f' = \dfrac{\partial f}{\partial \boldsymbol{r}} \\[2mm] f'' = \dfrac{\partial^2 f^2}{\partial \boldsymbol{r}^2} \end{cases} \qquad (2-112)$$

由式(2-112)可知，$k_x k_y$ 项的被积函数是坐标分量 xy 的奇函数，积分等于零。同理，$k_y k_z$ 和 $k_z k_x$ 项的积分也都等于零。而 k_y^2 和 k_z^2 项的积分相等，但不同于 k_x^2 的积分，因此

$$D_{11} = Lk_x^2 + M(k_y^2 + k_z^2) \qquad (2-113)$$

同理，$\langle \phi_1 | (\boldsymbol{k} \cdot \boldsymbol{p})^2 | \phi_2 \rangle \sim k_x k_y$，其余等于零。于是，$H_{\boldsymbol{k \cdot p}}$ 所确定的二级微扰矩阵 $\boldsymbol{D}$ 具有下列形式：

$$\boldsymbol{D} = \begin{pmatrix} Lk_x^2 + M(k_y^2 + k_z^2) & Nk_x k_y & Nk_x k_z \\ Nk_x k_y & Lk_y^2 + M(k_x^2 + k_z^2) & Nk_y k_z \\ Nk_x k_z & Nk_y k_z & Lk_z^2 + M(k_x^2 + k_y^2) \end{pmatrix} \qquad (2-114)$$

L、M、N 三个参数值可以由繁琐的理论方法获得，也可以通过相关实验获得，其表达式如下：

$$\begin{cases} L = \dfrac{\hbar^2}{2m} + \dfrac{\hbar^2}{m^2}\sum_m{}' \dfrac{\langle \phi_1 \mid p_x \mid m \rangle \langle m \mid p_x \mid \phi_1 \rangle}{E_n(\mathbf{0}) - E_m(\mathbf{0})} \\[2mm] M = \dfrac{\hbar^2}{2m} + \dfrac{\hbar^2}{m^2}\sum_m{}' \dfrac{\langle \phi_1 \mid p_y \mid m \rangle \langle m \mid p_y \mid \phi_1 \rangle}{E_n(\mathbf{0}) - E_m(\mathbf{0})} \\[2mm] N = \dfrac{\hbar^2}{m^2}\sum_m{}' \dfrac{\langle \phi_1 \mid p_x \mid m \rangle \langle m \mid p_y \mid \phi_1 \rangle + \langle \phi_1 \mid p_y \mid m \rangle \langle m \mid p_x \mid \phi_1 \rangle}{E_n(\mathbf{0}) - E_m(\mathbf{0})} \end{cases} \quad (2-115)$$

在考虑电子自旋效应以后，上述的基函数将扩展为 6 维。因此，微扰项的矩阵形式将相应的变化为

$$H_{\mathbf{k} \cdot \mathbf{p}} = \begin{pmatrix} \mathbf{D} & \mathbf{0}_{3\times 3} \\ \mathbf{0}_{3\times 3} & \mathbf{D} \end{pmatrix} \quad (2-116)$$

同时，除了 $\mathbf{k} \cdot \mathbf{p}$ 这一微扰项之外，还要考虑自旋轨道耦合分离对能带的影响。

晶体电子中的自旋轨道耦合分离微扰矩阵 $\mathbf{H}_{\mathrm{SO}}$ 为

$$\mathbf{H}_{\mathrm{SO}} = \frac{\hbar}{4m^2 c^2} V(\nabla \times \mathbf{p}) \cdot \boldsymbol{\sigma} \quad (2-117)$$

式中：m 为电子质量；c 为光速；$\boldsymbol{\sigma}$ 的三个分量是泡利自旋矩阵，即

$$\boldsymbol{\sigma}_x = \begin{pmatrix} 0 & 1 \\ 1 & 0 \end{pmatrix}, \ \boldsymbol{\sigma}_y = \begin{pmatrix} 0 & -\mathrm{i} \\ \mathrm{i} & 0 \end{pmatrix}, \ \boldsymbol{\sigma}_z = \begin{pmatrix} 1 & 0 \\ 0 & -1 \end{pmatrix}$$

自旋轨道耦合微扰矩阵形式如下：

$$\mathbf{H}_{\mathrm{SO}} = -\frac{\Delta}{3} \begin{pmatrix} 0 & \mathrm{i} & 0 & 0 & 0 & -1 \\ -\mathrm{i} & 0 & 0 & 0 & 0 & \mathrm{i} \\ 0 & 0 & 0 & 1 & -\mathrm{i} & 0 \\ 0 & 0 & 1 & 0 & -\mathrm{i} & 0 \\ 0 & 0 & \mathrm{i} & \mathrm{i} & 0 & 0 \\ -1 & -\mathrm{i} & 0 & 0 & 0 & 0 \end{pmatrix} \quad (2-118)$$

下面以 $\langle \phi_1 \mid \mathbf{H}_{\mathrm{SO}} \mid \phi_6 \rangle$ 和 $\langle \phi_1 \mid \mathbf{H}_{\mathrm{SO}} \mid \phi_1 \rangle$ 为例对式（2-118）予以说明。

对于 $\langle \phi_1 \mid \mathbf{H}_{\mathrm{SO}} \mid \phi_1 \rangle$，有

$$\langle \phi_1 \mid \mathbf{H}_{\mathrm{SO}} \mid \phi_1 \rangle = \frac{-\mathrm{i}\hbar^2}{4m^2 c^2}\int yzf \begin{pmatrix} 1 \\ 0 \end{pmatrix}$$

$$\times \left\{ \left[\frac{\partial V}{\partial y}y(f+z^2 f') - \frac{\partial V}{\partial z}z(f+y^2 f') \right] \begin{pmatrix} 0 & 1 \\ 1 & 0 \end{pmatrix} \begin{pmatrix} 1 \\ 0 \end{pmatrix} \right.$$

$$+ \left[\frac{\partial V}{\partial z}xyzf' - \frac{\partial V}{\partial x}y(f+z^2 f') \right] \begin{pmatrix} 0 & -\mathrm{i} \\ \mathrm{i} & 0 \end{pmatrix} \begin{pmatrix} 1 \\ 0 \end{pmatrix}$$

$$+ \left. \left[\frac{\partial V}{\partial x}z(f+y^2 f') - \frac{\partial V}{\partial y}xyzf' \right] \begin{pmatrix} 1 & 0 \\ 0 & -1 \end{pmatrix} \begin{pmatrix} 1 \\ 0 \end{pmatrix} \right\}\mathrm{d}\mathbf{r} \quad (2-119)$$

考虑弛豫 Si 的对称性及被积函数的奇偶性，可知式（2-119）为零。

对于 $\langle \phi_1 \mid \mathbf{H}_{\mathrm{SO}} \mid \phi_6 \rangle$，有

$$\langle \phi_1 \mid \mathbf{H}_{\mathrm{SO}} \mid \phi_6 \rangle = \frac{-\mathrm{i}\hbar^2}{4m^2 c^2}\int yzf \begin{pmatrix} 1 \\ 0 \end{pmatrix}$$

$$\times \left\{ \left[\frac{\partial V}{\partial y} xyzf' - \frac{\partial V}{\partial z} x(f + y^2 f')\right] \begin{pmatrix} 0 & 1 \\ 1 & 0 \end{pmatrix} \begin{pmatrix} 1 \\ 0 \end{pmatrix} + \right.$$

$$+ \left[\frac{\partial V}{\partial z} y(f + z^2 f') - \frac{\partial V}{\partial x} xyzf'\right] \begin{pmatrix} 0 & -i \\ i & 0 \end{pmatrix} \begin{pmatrix} 1 \\ 0 \end{pmatrix} +$$

$$+ \left.\left[\frac{\partial V}{\partial x} x(f + y^2 f') - \frac{\partial V}{\partial y} y(f + x^2 f')\right] \begin{pmatrix} 1 & 0 \\ 0 & -1 \end{pmatrix} \begin{pmatrix} 1 \\ 0 \end{pmatrix} \right\} \mathrm{d}\boldsymbol{r}$$

$$= \frac{\hbar^2}{4m^2 c^2} \int \left[\frac{\partial V}{\partial z} zy^2 f(f + x^2 f') - \frac{\partial V}{\partial x} xy^2 z^2 f\right] \mathrm{d}\boldsymbol{r}$$

$$= \frac{-i\hbar}{4m^2 c^2} \left\langle \phi_1 \left| \frac{\partial V}{\partial z} p_x - \frac{\partial V}{\partial x} p_z \right| \phi_3 \right\rangle = \frac{\Delta}{3} \tag{2-120}$$

式中，Δ 为旋轨劈裂能(其值见表 2.7)，则完整的微扰可表示为

$$\boldsymbol{H}_k = \boldsymbol{H}_{k \cdot p} + \boldsymbol{H}_{\mathrm{SO}} \tag{2-121}$$

　　为了获得 $\boldsymbol{H}_k$ 的本征值，要将坐标表象变化为总角动量表象。这样做的目的是可以使微扰矩阵变为一个对称的结构，方便计算，且物理意义明确。令轨道角动量分别为 l、s，总角动量为 $j = l + s$。Si 价带顶的三度简并态相当于轨道角动量 $l = 1$ 的状态。在总角动量 $j = l + s$ 的表象中，应采用总角动量量子数 j 和其 z 方向 j_z 的量子数 m_j。此时，$j = l + s = 3/2$，$m_j = 3/2,\ 1/2,\ -1/2,\ -3/2$ 以及 $j = l - s = 1/2$，$m_j = 1/2,\ -1/2$。波函数的基本形式为 $|j, m_j\rangle$。表象转换矩阵 $\boldsymbol{U}$ 可使自旋轨道耦合微扰矩阵 $\boldsymbol{H}_{\mathrm{SO}}$ 对角化，$\boldsymbol{U}$ 的形式为

$$\boldsymbol{U} = \begin{pmatrix} -\dfrac{1}{\sqrt{2}} & 0 & 0 & 0 & \dfrac{1}{\sqrt{6}} & \dfrac{1}{\sqrt{3}} \\[2mm] -\dfrac{i}{\sqrt{2}} & 0 & 0 & 0 & -\dfrac{i}{\sqrt{6}} & -\dfrac{i}{\sqrt{3}} \\[2mm] 0 & \sqrt{\dfrac{2}{3}} & -\dfrac{1}{\sqrt{3}} & 0 & 0 & 0 \\[2mm] 0 & -\dfrac{1}{\sqrt{6}} & -\dfrac{1}{\sqrt{3}} & -\dfrac{1}{\sqrt{2}} & 0 & 0 \\[2mm] 0 & -\dfrac{i}{\sqrt{6}} & -\dfrac{i}{\sqrt{3}} & \dfrac{i}{\sqrt{2}} & 0 & 0 \\[2mm] 0 & 0 & 0 & 0 & \sqrt{\dfrac{2}{3}} & -\dfrac{1}{\sqrt{3}} \end{pmatrix} \tag{2-122}$$

而 $\boldsymbol{H}_{\mathrm{SO}}$ 的对角化矩阵形式为

$$\boldsymbol{H}_{\mathrm{SO}} = \begin{pmatrix} \dfrac{\Delta}{3} & 0 & 0 & 0 & 0 & 0 \\[2mm] 0 & \dfrac{\Delta}{3} & 0 & 0 & 0 & 0 \\[2mm] 0 & 0 & -\dfrac{2\Delta}{3} & 0 & 0 & 0 \\[2mm] 0 & 0 & 0 & \dfrac{\Delta}{3} & 0 & 0 \\[2mm] 0 & 0 & 0 & 0 & \dfrac{\Delta}{3} & 0 \\[2mm] 0 & 0 & 0 & 0 & 0 & -\dfrac{2\Delta}{3} \end{pmatrix} \tag{2-123}$$

这样，$H = U^{-1} \cdot H_k \cdot U$，最后以 $|j, m_j\rangle$ 为基，得到的 H 矩阵形式为

$$H = \begin{pmatrix}
\dfrac{H_{11}+H_{22}}{2} & -\dfrac{H_{13}-\mathrm{i}H_{23}}{\sqrt{3}} & \dfrac{H_{13}-\mathrm{i}H_{23}}{\sqrt{6}} & 0 & -\dfrac{H_{11}-H_{22}-2\mathrm{i}H_{12}}{\sqrt{12}} & \dfrac{H_{11}-H_{22}-2\mathrm{i}H_{12}}{\sqrt{6}} \\[2ex]
-\dfrac{H_{13}+\mathrm{i}H_{23}}{\sqrt{3}} & \dfrac{H_{11}+H_{22}+4H_{33}}{6} & \dfrac{H_{11}+H_{22}-2H_{33}}{\sqrt{18}} & \dfrac{H_{11}-H_{22}-2\mathrm{i}H_{12}}{\sqrt{12}} & 0 & \dfrac{H_{13}-\mathrm{i}H_{23}}{\sqrt{2}} \\[2ex]
\dfrac{H_{13}+\mathrm{i}H_{23}}{\sqrt{6}} & \dfrac{H_{11}+H_{22}-2H_{33}}{\sqrt{18}} & \dfrac{H_{11}+H_{22}+H_{33}}{3}-\Delta & \dfrac{H_{11}-H_{22}-2\mathrm{i}H_{12}}{\sqrt{6}} & -\dfrac{H_{13}-\mathrm{i}H_{23}}{\sqrt{2}} & 0 \\[2ex]
0 & \dfrac{H_{11}-H_{22}+2\mathrm{i}H_{12}}{\sqrt{12}} & \dfrac{H_{11}-H_{22}+2\mathrm{i}H_{12}}{\sqrt{6}} & \dfrac{H_{11}+H_{22}}{2} & \dfrac{H_{13}+\mathrm{i}H_{23}}{\sqrt{3}} & \dfrac{H_{13}+\mathrm{i}H_{23}}{\sqrt{6}} \\[2ex]
-\dfrac{H_{11}-H_{22}+2\mathrm{i}H_{12}}{\sqrt{12}} & 0 & -\dfrac{H_{13}+\mathrm{i}H_{23}}{\sqrt{2}} & \dfrac{H_{13}-\mathrm{i}H_{23}}{\sqrt{3}} & \dfrac{H_{11}+H_{22}+4H_{33}}{6} & \dfrac{H_{11}+H_{22}-2H_{33}}{\sqrt{12}} \\[2ex]
-\dfrac{H_{11}-H_{22}+2\mathrm{i}H_{12}}{\sqrt{6}} & \dfrac{H_{13}+\mathrm{i}H_{23}}{\sqrt{2}} & 0 & \dfrac{H_{13}-\mathrm{i}H_{23}}{\sqrt{6}} & \dfrac{H_{11}+H_{22}-2H_{33}}{\sqrt{12}} & \dfrac{H_{11}+H_{22}+H_{33}}{3}-\Delta
\end{pmatrix}$$

$$(2-124)$$

H_{ij} 是矩阵(2-114)中的元素。

上面所得的矩阵(2-124)是以 $\left|\dfrac{3}{2},\dfrac{3}{2}\right\rangle$、$\left|\dfrac{3}{2},\dfrac{1}{2}\right\rangle$、$\left|\dfrac{1}{2},\dfrac{1}{2}\right\rangle$、$\left|\dfrac{3}{2},-\dfrac{3}{2}\right\rangle$、$\left|\dfrac{3}{2},-\dfrac{1}{2}\right\rangle$、$\left|\dfrac{1}{2},-\dfrac{1}{2}\right\rangle$ 基函数的顺序排列的。为了获得弛豫 Si、$\mathrm{Si}_{1-x}\mathrm{Ge}_x$ 的价带，可以近似地将上述 6×6 矩阵分解为一个 4×4 和 2×2 矩阵，矩阵中略去的项只对 k^4 项有贡献，对结果影响不大。它们所对应的基函数分别为 $\left|\dfrac{3}{2},\dfrac{3}{2}\right\rangle$、$\left|\dfrac{3}{2},\dfrac{1}{2}\right\rangle$、$\left|\dfrac{3}{2},-\dfrac{1}{2}\right\rangle$、$\left|\dfrac{3}{2},-\dfrac{3}{2}\right\rangle$ 和 $\left|\dfrac{1}{2},\dfrac{1}{2}\right\rangle$、$\left|\dfrac{1}{2},-\dfrac{1}{2}\right\rangle$，其中 $\left|\dfrac{3}{2},\pm\dfrac{3}{2}\right\rangle$、$\left|\dfrac{3}{2},\pm\dfrac{1}{2}\right\rangle$ 和 $\left|\dfrac{1}{2},\pm\dfrac{1}{2}\right\rangle$ 分别对应二度简并的重空穴带、轻空穴带和自旋轨道耦合分裂空穴带。4×4 和 2×2 矩阵分别表示如下：

$$H_{\text{H-L}} = \begin{pmatrix}
\dfrac{H_{11}+H_{22}}{2} & -\dfrac{H_{13}-\mathrm{i}H_{23}}{\sqrt{3}} & -\dfrac{H_{11}-H_{22}-2\mathrm{i}H_{12}}{\sqrt{12}} & 0 \\[2ex]
-\dfrac{H_{13}+\mathrm{i}H_{23}}{\sqrt{3}} & \dfrac{H_{11}+H_{22}+4H_{33}}{6} & 0 & \dfrac{H_{11}-H_{22}-2\mathrm{i}H_{12}}{\sqrt{12}} \\[2ex]
-\dfrac{H_{11}-H_{22}+2\mathrm{i}H_{12}}{\sqrt{12}} & 0 & \dfrac{H_{11}+H_{22}+4H_{33}}{6} & -\dfrac{H_{13}+\mathrm{i}H_{23}}{\sqrt{3}} \\[2ex]
0 & \dfrac{H_{11}-H_{22}+2\mathrm{i}H_{12}}{\sqrt{12}} & -\dfrac{H_{13}-\mathrm{i}H_{23}}{\sqrt{3}} & \dfrac{H_{11}+H_{22}}{2}
\end{pmatrix}$$

$$(2-125)$$

$$H_{\text{SO}} = \begin{pmatrix}
\dfrac{H_{11}+H_{22}+H_{33}}{3}-\Delta & 0 \\[2ex]
0 & \dfrac{H_{11}+H_{22}+H_{33}}{3}-\Delta
\end{pmatrix} \qquad (2-126)$$

由式(2-125)和式(2-126)可得弛豫 Si 重空穴带、轻空穴带和自旋轨道耦合分裂空穴带能量在 k 空间的表达形式：

$$E_{\text{HH}} = Ak^2 - \left[B^2\boldsymbol{k}^4 + C^2(k_x^2k_y^2 + k_y^2k_z^2 + k_z^2k_x^2)\right]^{\frac{1}{2}} \qquad (2-127(\text{a}))$$

$$E_{\text{LH}} = Ak^2 + \left[B^2\boldsymbol{k}^4 + C^2(k_x^2k_y^2 + k_y^2k_z^2 + k_z^2k_x^2)\right]^{\frac{1}{2}} \qquad (2-127(\text{b}))$$

$$E_{\text{SO}} = \Delta + Ak^2 \qquad (2-127(\text{c}))$$

式中，

$$\begin{cases} A = \dfrac{1}{3}(L+2M) + \dfrac{\hbar^2}{2m} \\[2mm] B = \dfrac{1}{3}(L-M) \\[2mm] C = \dfrac{1}{3}\big[N^2 - (L-M)^2\big] \end{cases}$$

A、B、C 的具体数值见表 2.7。

表 2.7　实验得出 Si 和 Ge 价带的有关参数

	A	B	C	Δ/eV
Si	4.27	0.63	4.93	0.044
Ge	13.27	8.63	12.4	0.29

通过对表达式中的参数进行线性插值 $p_{\mathrm{Si}_{1-x}\mathrm{Ge}_x} = (1-x)p_{\mathrm{Si}} + xp_{\mathrm{Ge}}$，可获得弛豫 $\mathrm{Si}_{1-x}\mathrm{Ge}_x$ 的价带结构。

弛豫 Si 的价带结构如图 2.8 所示。其中：图 2.8(a)所示为不考虑自旋轨道作用，弛豫 Si 价带顶处为 Γ'_{25} 三度简并模型；图 2.8(b)所示为考虑自旋轨道作用，价带为 Γ^+_8 四度简并和 Γ^+_7 二度简并模型，Γ^+_8 与 Γ^+_7 之间能量分裂值为 Δ；图 2.8(c)中重空穴带(HH)、轻空穴带(LH)和自旋轨道耦合分裂带(SO)的三维等能面直观显示了空穴有效质量与晶向密切相关，重空穴带(HH)有效质量各向异性显著。

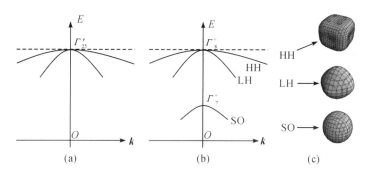

图 2.8　弛豫 Si 价带结构示意图

2.6.2　硅基应变材料价带 E - k 关系

硅基应变材料的价带结构在应力作用下发生了改变，与弛豫 Si 的价带结构不同。本节基于弛豫 Si 价带 E - k 关系的深入研究，考虑应变产生的形变势作用，采用 $\boldsymbol{k}\cdot\boldsymbol{p}$ 微扰理论，研究建立硅基应变材料价带 E - k 关系模型。具体思路如下：

（1）不考虑自旋轨道耦合作用时，弛豫 Si 价带 $\boldsymbol{k}\cdot\boldsymbol{p}$ 微扰哈密顿模型为

$$\boldsymbol{H}' = \begin{bmatrix} Lk_x^2 + M(k_y^2 + k_z^2) & Nk_xk_y & Nk_zk_x \\ Nk_xk_y & Lk_y^2 + M(k_z^2 + k_x^2) & Nk_yk_z \\ Nk_zk_x & Nk_yk_z & Lk_z^2 + M(k_x^2 + k_y^2) \end{bmatrix} \qquad (2-128)$$

利用久期方程的方法获得该模型的本征能量值，从而建立弛豫 Si 不考虑自旋轨道耦合作用时的价带 E - k 关系。

（2）应变降低了硅基应变材料赝晶结构的对称性，引起了波矢 k 相应的位移。应变微扰哈密顿模型应与 $k \cdot p$ 微扰哈密顿模型类似，能够反映微扰作用体系——弛豫 Si 材料的对称性。

$$H'' = \begin{pmatrix} l\varepsilon_{xx} + m(\varepsilon_{yy} + \varepsilon_{zz}) & n\varepsilon_{xy} & n\varepsilon_{zx} \\ n\varepsilon_{xy} & l\varepsilon_{yy} + m(\varepsilon_{xx} + \varepsilon_{zz}) & n\varepsilon_{yz} \\ n\varepsilon_{zx} & n\varepsilon_{yz} & l\varepsilon_{zz} + m(\varepsilon_{yy} + \varepsilon_{xx}) \end{pmatrix} \quad (2-129)$$

式（2-129）中各参量在 2.1 节和 2.3 节已有叙述。

（3）将矩阵（2-128）和矩阵（2-129）相加，相当于对 (k_x, k_y, k_z) 轴系下的波矢量 k 加入了应变变化量，利用久期方程的方法获得该模型的本征能量值，从而得到不考虑自旋轨道耦合作用时硅基应变材料的价带 $E-k$ 关系。

（4）为了获得更为精细的价带结构，必须考虑自旋轨道耦合的作用。这需要先将 $k \cdot p$ 微扰和应变微扰哈密顿模型从单群态的形式转变为双群态的形式，即

$$H_{k \cdot p} = \begin{pmatrix} H' & \mathbf{0}_{3 \times 3} \\ \mathbf{0}_{3 \times 3} & H' \end{pmatrix} \quad (2-130)$$

$$H_{Str} = \begin{pmatrix} H'' & \mathbf{0}_{3 \times 3} \\ \mathbf{0}_{3 \times 3} & H'' \end{pmatrix} \quad (2-131)$$

然后加入自旋轨道耦合微扰项，即 $H_{k \cdot p} + H_{Str} + H_{SO}$。同样利用久期方程的方法获得能量的本征值，建立硅基应变材料的价带 $E-k$ 关系。其中，自旋轨道作用哈密顿模型为

$$H_{SO} = -\frac{\Delta}{3} \begin{pmatrix} 0 & i & 0 & 0 & 0 & -1 \\ -i & 0 & 0 & 0 & 0 & i \\ 0 & 0 & 0 & 1 & -i & 0 \\ 0 & 0 & 1 & 0 & -i & 0 \\ 0 & 0 & i & i & 0 & 0 \\ -1 & -i & 0 & 0 & 0 & 0 \end{pmatrix} \quad (2-132)$$

需要特别指出，利用久期方程的方法获得 6×6 矩阵 $H_{k \cdot p} + H_{Str} + H_{SO}$ 的能量本征解相当困难，必须先对其作降维处理。如 2.6.1 节所述，通过将 6×6 久期行列式分解为一个 4×4 和一个 2×2 行列式，最终获得弛豫 Si 的价带 $E-k$ 解析关系式。而近似处理所遵循的原理如图 2.9 所示，久期行列式需要变化出 $\mathbf{0}$ 矩阵块（0 是当 $(k_x, k_y, k_z) \to 0$ 的结果）。

$$\begin{pmatrix} E & 0 & 0 & 0 & 0 & 0 \\ 0 & E & 0 & 0 & 0 & 0 \\ 0 & 0 & E-\Delta & 0 & 0 & 0 \\ 0 & 0 & 0 & E & 0 & 0 \\ 0 & 0 & 0 & 0 & E & 0 \\ 0 & 0 & 0 & 0 & 0 & E-\Delta \end{pmatrix} \rightarrow \left(\begin{array}{cccc:cc} E & 0 & 0 & 0 & 0 & 0 \\ 0 & E & 0 & 0 & 0 & 0 \\ 0 & 0 & E & 0 & 0 & 0 \\ 0 & 0 & 0 & E & 0 & 0 \\ \hdashline 0 & 0 & 0 & 0 & E-\Delta & 0 \\ 0 & 0 & 0 & 0 & 0 & E-\Delta \end{array} \right)$$

图 2.9　弛豫 Si 价带 $E-k$ 近似处理原理图

上述近似方法处理方便，结果简单，误差在允许范围内，但该方法对硅基应变材料不再适用。这是因为考虑应变以后，6×6 久期行列式无论如何进行行、列变化都无法变化出

0 矩阵块(见图 2.10)。

$$\begin{pmatrix} E & 0 & 0 & 0 & \times & 0 \\ 0 & E & 0 & 0 & 0 & \times \\ 0 & 0 & E-\Delta & 0 & 0 & 0 \\ 0 & 0 & 0 & E & 0 & 0 \\ \times & 0 & 0 & 0 & E & 0 \\ 0 & \times & 0 & 0 & 0 & E-\Delta \end{pmatrix} \not\longrightarrow \left(\begin{array}{cccc:cc} E & 0 & 0 & 0 & 0 & 0 \\ 0 & E & 0 & 0 & 0 & 0 \\ 0 & 0 & E & 0 & 0 & 0 \\ 0 & 0 & 0 & E & 0 & 0 \\ \hdashline 0 & 0 & 0 & 0 & E-\Delta & 0 \\ 0 & 0 & 0 & 0 & 0 & E-\Delta \end{array} \right)$$

图 2.10　硅基应变材料无法实现分块化简

由于 6×6 $\boldsymbol{H}_{k \cdot p} + \boldsymbol{H}_{\mathrm{Str}} + \boldsymbol{H}_{\mathrm{SO}}$ 久期行列式为对称行列式,其能量本征解必为 3 个 2 重根(从群论对称性的角度分析也可以得到同样的结果),因此当假设矩阵的本征值为 E 时,可以将该 6×6 对称行列式降为 3 次幂的特征多项式,即

$$E^3 + pE^2 + qE + r = 0 \tag{2-133}$$

式中,

$$\begin{cases} p = \Delta - (a_{11} + a_{22} + a_{33}) \\ q = a_{11}a_{22} + a_{22}a_{33} + a_{33}a_{11} - a_{12}^2 - a_{13}^2 - a_{23}^2 - (2\Delta/3)(a_{11} + a_{22} + a_{33}) \\ r = a_{11}a_{23}^2 + a_{22}a_{13}^2 + a_{33}a_{12}^2 - a_{11}a_{22}a_{33} - 2a_{12}a_{23}a_{13} \\ \qquad + (\Delta/3)(a_{11}a_{22} + a_{22}a_{33} + a_{33}a_{11} - a_{12}^2 - a_{13}^2 - a_{23}^2) \end{cases}$$

$a_{ij}(i, j = 1, 2, 3)$ 是矩阵 $\boldsymbol{H}' + \boldsymbol{H}''$ 中的元素。

下面对 3 次幂的特征多项式作进一步的分析。作代换 $E' = E + p/3$,则式(2-133)化为

$$E'^3 + \left(q - \frac{p^2}{3} \right)E' + \frac{2p^3}{27} - \frac{pq}{3} + r = 0 \tag{2-134}$$

再作代换

$$E' = z - \frac{q - \dfrac{p^2}{3}}{3z} \tag{2-135}$$

则式(2-134)化为

$$z^3 - \frac{\left(q - \dfrac{p^2}{3} \right)^3}{27z^3} + \frac{2p^3}{27} - \frac{pq}{3} + r = 0 \tag{2-136}$$

即

$$z^6 + \left(\frac{2p^3}{27} - \frac{pq}{3} + r \right)z^3 - \frac{\left(q - \dfrac{p^2}{3} \right)^3}{27} = 0 \tag{2-137}$$

将式(2-137)看作 z^3 的二次方程,即可得到

$$z^3 = -\frac{1}{2}\left(\frac{2p^3}{27} - \frac{pq}{3} + r \right) \pm \sqrt{\frac{1}{4}\left(\frac{2p^3}{27} - \frac{pq}{3} + r \right)^2 + \frac{1}{27}\left(q - \frac{p^2}{3} \right)^3} \tag{2-138}$$

在式(2-138)中取正号并把这时的 z 改写成 u，则

$$u^3 = -\frac{1}{2}\left(\frac{2p^3}{27} - \frac{pq}{3} + r\right) + \sqrt{\frac{1}{4}\left(\frac{2p^3}{27} - \frac{pq}{3} + r\right)^2 + \frac{1}{27}\left(q - \frac{p^2}{3}\right)^3} \qquad (2-139)$$

令 $u^3 = u \cdot u\omega \cdot u\omega^2$，其中

$$\begin{cases} \omega = \dfrac{-1+\sqrt{3}\mathrm{i}}{2} \\[2mm] \omega^2 = \dfrac{-1-\sqrt{3}\mathrm{i}}{2} \end{cases} \qquad (2-140)$$

为了利用 $E' = u - \dfrac{q - \dfrac{p^2}{3}}{3u}$ 求 E'，要先求 $-\dfrac{q - \dfrac{p^2}{3}}{3u}$。因为

$$\left(-\frac{q - \dfrac{p^2}{3}}{3u}\right)^3 = -\frac{\left(q - \dfrac{p^2}{3}\right)^3}{27}\frac{1}{u^3} = \frac{-\dfrac{\left(q - \dfrac{p^2}{3}\right)^3}{27}}{-\dfrac{\dfrac{2p^3}{27} - \dfrac{pq}{3} + r}{2} + \sqrt{\dfrac{1}{4}\left(\dfrac{2p^3}{27} - \dfrac{pq}{3} + r\right)^2 + \dfrac{1}{27}\left(q - \dfrac{p^2}{3}\right)^3}}$$

$$= \frac{\left[-\dfrac{\dfrac{2p^3}{27} - \dfrac{pq}{3} + r}{2}\right]^2 - \left[\dfrac{1}{4}\left(\dfrac{2p^3}{27} - \dfrac{pq}{3} + r\right)^2 + \dfrac{1}{27}\left(q - \dfrac{p^2}{3}\right)^3\right]}{-\dfrac{\dfrac{2p^3}{27} - \dfrac{pq}{3} + r}{2} + \sqrt{\dfrac{1}{4}\left(\dfrac{2p^3}{27} - \dfrac{pq}{3} + r\right)^2 + \dfrac{1}{27}\left(q - \dfrac{p^2}{3}\right)^3}}$$

$$= -\frac{\dfrac{2p^3}{27} - \dfrac{pq}{3} + r}{2} - \sqrt{\dfrac{1}{4}\left(\dfrac{2p^3}{27} - \dfrac{pq}{3} + r\right)^2 + \dfrac{1}{27}\left(q - \dfrac{p^2}{3}\right)^3}$$

所以，$-\dfrac{q - \dfrac{p^2}{3}}{3u}$ 是 $-\dfrac{\dfrac{2p^3}{27} - \dfrac{pq}{3} + r}{2} - \sqrt{\dfrac{1}{4}\left(\dfrac{2p^3}{27} - \dfrac{pq}{3} + r\right)^2 + \dfrac{1}{27}\left(q - \dfrac{p^2}{3}\right)^3}$ 的一个立方根，而且

应取与 u 相乘为 $-\dfrac{q - \dfrac{p^2}{3}}{3}$ 的那个立方根，把它记为 v。由 $\omega^3 = 1$ 得

$$\begin{cases} E_1' = u - \dfrac{q - \dfrac{p^2}{3}}{3u} = u + v \\[3mm] E_2' = u\omega - \dfrac{q - \dfrac{p^2}{3}}{3u\omega} = u\omega + v\omega^2 \\[3mm] E_3' = u\omega^2 - \dfrac{q - \dfrac{p^2}{3}}{3u\omega^2} = u\omega^2 + v\omega \end{cases} \qquad (2-141)$$

式中，u 是 $-\dfrac{\dfrac{2p^3}{27} - \dfrac{pq}{3} + r}{2} + \sqrt{\dfrac{1}{4}\left(\dfrac{2p^3}{27} - \dfrac{pq}{3} + r\right)^2 + \dfrac{1}{27}\left(q - \dfrac{p^2}{3}\right)^3}$ 的一个立方根，v 是

$-\dfrac{\dfrac{2p^3}{27} - \dfrac{pq}{3} + r}{2} - \sqrt{\dfrac{1}{4}\left(\dfrac{2p^3}{27} - \dfrac{pq}{3} + r\right)^2 + \dfrac{1}{27}\left(q - \dfrac{p^2}{3}\right)^3}$ 的一个立方根，且要使 $uv = -\dfrac{q - \dfrac{p^2}{3}}{3}$。

如果写得更详细些，则为

$$\begin{cases} E'_1 = \sqrt[3]{-\dfrac{\dfrac{2p^3}{27} - \dfrac{pq}{3} + r}{2} + \sqrt{\dfrac{1}{4}\left(\dfrac{2p^3}{27} - \dfrac{pq}{3} + r\right)^2 + \dfrac{1}{27}\left(q - \dfrac{p^2}{3}\right)^3}} \\ \qquad + \sqrt[3]{-\dfrac{\dfrac{2p^3}{27} - \dfrac{pq}{3} + r}{2} - \sqrt{\dfrac{1}{4}\left(\dfrac{2p^3}{27} - \dfrac{pq}{3} + r\right)^2 + \dfrac{1}{27}\left(q - \dfrac{p^2}{3}\right)^3}} \\ E'_2 = \sqrt[3]{-\dfrac{\dfrac{2p^3}{27} - \dfrac{pq}{3} + r}{2} + \sqrt{\dfrac{1}{4}\left(\dfrac{2p^3}{27} - \dfrac{pq}{3} + r\right)^2 + \dfrac{1}{27}\left(q - \dfrac{p^2}{3}\right)^3}}\,\omega \\ \qquad + \sqrt[3]{-\dfrac{\dfrac{2p^3}{27} - \dfrac{pq}{3} + r}{2} - \sqrt{\dfrac{1}{4}\left(\dfrac{2p^3}{27} - \dfrac{pq}{3} + r\right)^2 + \dfrac{1}{27}\left(q - \dfrac{p^2}{3}\right)^3}}\,\omega^2 \\ E'_3 = \sqrt[3]{-\dfrac{\dfrac{2p^3}{27} - \dfrac{pq}{3} + r}{2} + \sqrt{\dfrac{1}{4}\left(\dfrac{2p^3}{27} - \dfrac{pq}{3} + r\right)^2 + \dfrac{1}{27}\left(q - \dfrac{p^2}{3}\right)^3}}\,\omega^2 \\ \qquad + \sqrt[3]{-\dfrac{\dfrac{2p^3}{27} - \dfrac{pq}{3} + r}{2} - \sqrt{\dfrac{1}{4}\left(\dfrac{2p^3}{27} - \dfrac{pq}{3} + r\right)^2 + \dfrac{1}{27}\left(q - \dfrac{p^2}{3}\right)^3}}\,\omega \end{cases} \quad (2-142)$$

因为能量本征值为实数，所以式(2-142)中的立方根内已经不是实数而是虚数了，于是它们的立方根也都是虚数。这时 u、v 是共轭复数。这是因为

$$u = \sqrt[3]{-\frac{1}{2}\left(\frac{2p^3}{27} - \frac{pq}{3} + r\right) - \mathrm{i}\sqrt{-\frac{1}{4}\left(\frac{2p^3}{27} - \frac{pq}{3} + r\right)^2 - \frac{1}{27}\left(q - \frac{p^2}{3}\right)^3}}$$

$$u\bar{u} = |u|^2 = \sqrt[3]{\left|-\frac{1}{2}\left(\frac{2p^3}{27} - \frac{pq}{3} + r\right) + \mathrm{i}\sqrt{-\frac{1}{4}\left(\frac{2p^3}{27} - \frac{pq}{3} + r\right)^2 - \frac{\left(q - \frac{p^2}{3}\right)^3}{27}}\right|^2}$$

$$= \sqrt[3]{\frac{\left(\frac{2p^3}{27} - \frac{pq}{3} + r\right)^2}{4} - \frac{\left(\frac{2p^3}{27} - \frac{pq}{3} + r\right)^2}{4} - \frac{\left(q - \frac{p^2}{3}\right)^3}{27}} = -\frac{q - \frac{p^2}{3}}{3} = uv$$

$$(2-143)$$

故可令 $u = a + b\mathrm{i}$，$v = a - b\mathrm{i}$，于是由式(2-142)可得

$$\begin{cases} E'_1 = u + v = 2a \\ E'_2 = -\dfrac{1}{2}(u + v) + \mathrm{i}\dfrac{\sqrt{3}}{2}(u - v) = -a - b\sqrt{3} \\ E'_3 = -\dfrac{1}{2}(u + v) - \mathrm{i}\dfrac{\sqrt{3}}{2}(u - v) = -a + b\sqrt{3} \end{cases} \quad (2-144)$$

基于上述原理，通过计算机辅助可以分别获得 u、v(见图 2.11)。联立式(2-143)和式(2-144)，可从 u、v 中提取所需实部 a 和虚部 b。

$$\begin{cases} c = a + b\mathrm{i} = r(\cos\theta + \mathrm{i}\sin\theta) \\ c^n = r^n(\cos n\theta + \mathrm{i}\sin n\theta) \end{cases} \quad (2-145)$$

式中：c 表示复数；r 为复数的模；θ 为复角。

```
Distributed under the GNU Public License. See the file COPYING.
Dedicated to the memory of William Schelter.
This is a development version of Maxima. The function bug_report()
provides bug reporting information.
(%i1) eq:x^3+p*x^2+q*x+r=0;
                                    3     2
(%o1)                              x  + p x  + q x + r = 0
(%i2) solve([eq],[x]);
                    sqrt(3) %i   1
(%o2) [x = (- ---------- - -)
                    2        2

       2       3           3    2 2            3
 sqrt(27 r  + (4 p  - 18 p q) r + 4 q  - p  q )   27 r - 9 p q + 2 p  1/3
 (------------------------------------------- - ------------------)
                 6 sqrt(3)                              54
                            sqrt(3) %i   1    2
                           (---------- - -) (p  - 3 q)
                                2        2
 + -------------------------------------------------------------------
        2       3           3    2 2            3
   sqrt(27 r  + (4 p  - 18 p q) r + 4 q  - p  q )   27 r - 9 p q + 2 p  1/3
  9 (------------------------------------------- - ------------------)
                   6 sqrt(3)                              54
   p        sqrt(3) %i   1
 - -, x = (---------- - -)
   3          2        2
       2       3           3    2 2            3
 sqrt(27 r  + (4 p  - 18 p q) r + 4 q  - p  q )   27 r - 9 p q + 2 p  1/3
 (------------------------------------------- - ------------------)
                 6 sqrt(3)                              54
                            sqrt(3) %i   1    2
                          (- ---------- - -) (p  - 3 q)
                                2        2
 + -------------------------------------------------------------------
        2       3           3    2 2            3
   sqrt(27 r  + (4 p  - 18 p q) r + 4 q  - p  q )   27 r - 9 p q + 2 p  1/3
  9 (------------------------------------------- - ------------------)
                   6 sqrt(3)                              54
   p
 - -, x =
   3
       2       3           3    2 2            3
 sqrt(27 r  + (4 p  - 18 p q) r + 4 q  - p  q )   27 r - 9 p q + 2 p  1/3
 (------------------------------------------- - ------------------)
                 6 sqrt(3)                              54
                                        2
                                       p  - 3 q
 + -------------------------------------------------------------------
        2       3           3    2 2            3
   sqrt(27 r  + (4 p  - 18 p q) r + 4 q  - p  q )   27 r - 9 p q + 2 p  1/3
  9 (------------------------------------------- - ------------------)
                   6 sqrt(3)                              54
   p
 - -]
   3
```

File | Back | Forward | Edit | Options | Url: file:/C:/PROGRA~1/MAXIMA~1.2/share/maxima/592EBD~1.2/xmaxima/I

Maxima Primer

图 2.11　计算机辅助获取 u 和 v

作代换 $E = E' - p/3$，最终建立了硅基应变材料价带 $E\text{-}\boldsymbol{k}$ 关系模型：

$$
\begin{cases}
E_v^1 = 2\sqrt{Q}\cos\dfrac{\Theta}{3} - \dfrac{p}{3} \\[2mm]
E_v^2 = 2\sqrt{Q}\cos\dfrac{\Theta - 2\pi}{3} - \dfrac{p}{3} \\[2mm]
E_v^3 = 2\sqrt{Q}\cos\dfrac{\Theta + 2\pi}{3} - \dfrac{p}{3}
\end{cases}
\tag{2-146}
$$

式中，$Q = (p^2 - 3q)/9$，$\Theta = \arccos(-R/\sqrt{Q^3})$，$R = (2p^3 - 9pq + 27r)/54$。

　　下面对该模型进行必要的分析,重点研究其建立的硅基应变材料能带结构的精确性。

　　由于目前有关硅基应变材料能带结构的理论和实验报道较少,同时考虑到以上所建模型亦能对弛豫 Si 能带结构进行分析,这里以弛豫 Si 为例分析硅基应变材料价带 $E-k$ 关系模型的精确性。

　　如前所述,在获得弛豫 Si 的价带 $E-k$ 关系模型时,通常把 $6×6$ 久期行列式分块简化为 $4×4$ 和 $2×2$ 两个行列式来处理,该方法称为解析法,解析法获得的弛豫 Si 的价带结构理论模型与实验结果符合较好。本书建立的硅基应变材料价带 $E-k$ 关系模型的方法称为数值法。采用数值法与解析法对弛豫 Si 材料进行分析,所得弛豫 Si 的重空穴带、轻空穴带和旋轨劈裂带等能面见图 2.12~图 2.17。

图 2.12　数值法重空穴带等能面

图 2.13　解析法重空穴带等能面

图 2.14　数值法轻空穴带等能面

图 2.15　解析法轻空穴带等能面

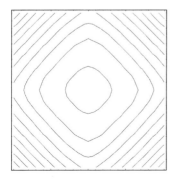

图 2.16　数值法旋轨劈裂带等能面

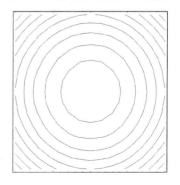

图 2.17　解析法旋轨劈裂带等能面

　　由图 2.12(数值法所得弛豫 Si 重空穴带等能面)和图 2.14(数值法所得弛豫 Si 轻空穴带等能面)可见,重空穴带和轻空穴带都表现出了各向异性,前者更加明显,这与图 2.13(解析法所得弛豫 Si 重空穴带等能面)和图 2.15(解析法所得弛豫 Si 轻空穴带等能面)反映的结果是一致的,同样,图 2.16(数值法所得旋轨劈裂带)和图 2.17(解析法所得旋轨劈裂带)反映的结果也一致,说明了书中所建物理模型的正确性。但我们也注意到,只有在等能面能值较小的时候,数值法和解析法的精确结果才较为一致,重空穴带的情况体现的尤其明显。造成这种结果精确性差异的主要原因是,解析法在处理久期方程过程中省略了对 k 空间四次方有贡献的若干项,有一定的近似,而数值法经过了严格的数学推导,没有近似,因此采用数值法分析弛豫 Si 的价带结构更加精确。

2.7　本章小结

　　本章以弛豫 $Si_{1-x}Ge_x$ 上外延生长应变 Si 和弛豫 Si 上外延生长应变 $Si_{1-x}Ge_x$ 为研究对象,建立了适用于任意晶向硅基应变材料的应变张量和导带、价带形变势模型,并给出了 (001)、(111)、(101) 硅基应变材料中的应变张量和赝晶结构模型。在建立应变张量模型和势能算符的基础上,基于薛定谔方程,采用 $k \cdot p$ 微扰法,建立了硅基双轴应变材料导带、价带 $E\text{-}k$ 关系模型,为获得硅基应变材料能带结构、电子、空穴有效质量等基本物理参数模型奠定了重要的理论基础。

习　　题

1. 在(100)晶面 $Si_{1-x}Ge_x$ 弛豫虚衬底上外延应变 Ge,试计算 Ge 外延层的应变张量。
2. 请说明双轴应变 Si 的三种典型赝晶结构及其实现方法。
3. 应变与未应变 Si 导带 $E\text{-}k$ 关系有何区别?并解释其原因。
4. 简述应变 Si 价带 $E\text{-}k$ 关系的求解思路。

第 3 章　硅基应变材料基本物理参数模型

　　硅基应变器件性能的增强主要得益于材料能带结构的改变和载流子迁移率的提高，建立硅基应变材料基本物理参数模型是应用的理论基础，但目前国内外对该理论的研究缺乏深入性和系统性。

　　本章基于硅基应变材料对称性分析，确定双轴应变导带能谷的分裂及其简并度，并通过线性形变势理论分析获得导带能谷的能级；基于硅基应变材料价带 $E-k$ 关系模型，获得带边（"重空穴带"）、亚带边（"轻空穴带"）、次带边（"旋轨劈裂带"）Γ 点处（k 矢量为 **0**）能级、任意 k 矢方向的能量分布及空穴有效质量；基于能带结构模型，建立硅基应变材料导带底和价带顶的态密度有效质量、有效状态密度及本征载流子浓度模型。

3.1　硅基应变材料导带结构模型

3.1.1　硅基应变材料导带能谷简并度

　　等价的导带底能谷数目是分析硅基应变材料电子谷间散射率、电子迁移率的重要参数。硅基应变材料导带能谷的简并度与生长晶向密切相关，本节基于硅基应变材料对称性分析，以（001）、（111）、（101）硅基应变材料为例分析导带能谷的简并度（见图 3.1～图 3.3），具体如下：

　　（1）Si/(001)Si$_{1-x}$Ge$_x$：当受到张应力作用时，导带底附近的六度简并能谷 Δ_6 分裂成两组分立的能谷，一组为二重简并能谷 Δ_2（[00±1]方向能谷），另一组为四重简并能谷 Δ_4（[±100]、[±010]方向能谷）。其中：Δ_2 能谷能量极小值降低，成为导带带边；Δ_4 能谷能量极小值升高。

　　（2）Si/(111)Si$_{1-x}$Ge$_x$：当受到张应力作用时，导带底附近的六度简并能谷 Δ_6 没有发生分裂，但其能量能级与弛豫 Si 的不同。

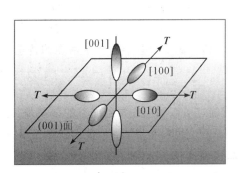
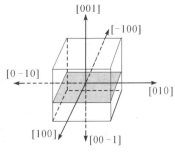

图 3.1　应变 Si/(001)Si$_{1-x}$Ge$_x$ 中六个旋转椭球面的受力示意图

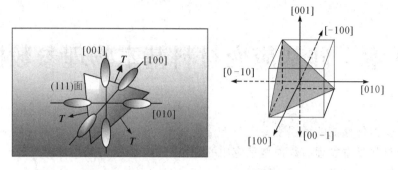

图 3.2　应变 Si/(111)Si$_{1-x}$Ge$_x$ 中六个旋转椭球面的受力示意图

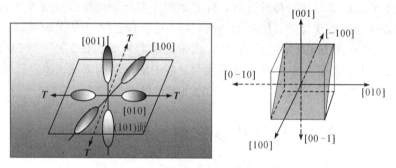

图 3.3　应变 Si/(101)Si$_{1-x}$Ge$_x$ 中六个旋转椭球面的受力示意图

（3）Si/(101)Si$_{1-x}$Ge$_x$：当受到张应力作用时，导带底附近的六度简并能谷 Δ_6 也分裂成两组分立的能谷，一组为二重简并能谷 Δ_2（[0±10]方向能谷），另一组为四重简并能谷 Δ_4（[±100]、[00±1]方向能谷）。其中，Δ_4 能谷能量极小值降低，成为导带带边。

（4）应变 Si$_{1-x}$Ge$_x$ 在弛豫 Si 上外延生长：由于受到的是压应力，因此其导带能谷简并度与弛豫 Si$_{1-x}$Ge$_x$ 上生长应变 Si 的情况不同。利用图 3.1～图 3.3 的方法分析可得：

① 在压应力的作用下，应变 Si$_{1-x}$Ge$_x$/(001)Si 导带[±100]、[0±10]晶向四重简并能谷能级比[00±1]晶向二重简并能谷能级低，成为导带底能谷。

② 压应变 Si$_{1-x}$Ge$_x$/(101)Si 导带底 Δ_6 能谷发生分裂，其中[0±10]晶向二重简并能谷成为导带底能谷。

③ 压应变 Si$_{1-x}$Ge$_x$/(111)Si 导带底 Δ_6 能谷没有发生分裂，仍为六重简并能谷。

从以上分析可知，相对于其他硅基应变材料，张应变 Si/(001)Si$_{1-x}$Ge$_x$ 和压应变 Si$_{1-x}$Ge$_x$/(101)Si 导带底等价能谷数目最少（即二重简并能谷）。从减小谷间散射、提高电子迁移率的角度出发，这两种应变材料应作为 NMOS 器件电子迁移率增强的首选材料。

3.1.2　硅基应变材料导带能谷能级

基于硅基应变材料对称性分析，3.1.1 节确定了双轴应变导带能谷的分裂及其简并度，本小节将通过线性形变势理论（见 2.3 节）获得硅基应变材料导带能谷的能级和能谷间的劈裂能。

图 3.4(a)～(f)分别是应变 Si/(001)Si$_{1-x}$Ge$_x$、Si$_{1-x}$Ge$_x$/(001)Si、Si/(101)Si$_{1-x}$Ge$_x$、Si$_{1-x}$Ge$_x$/(101)Si、Si/(111)Si$_{1-x}$Ge$_x$、Si$_{1-x}$Ge$_x$/(111)Si 材料导带能谷能级与 Ge 组分 x 的

函数关系图。由图可见，应变 $Si/(001)Si_{1-x}Ge_x$、$Si_{1-x}Ge_x/(001)Si$、$Si/(101)Si_{1-x}Ge_x$、$Si_{1-x}Ge_x/(101)Si$ 材料的能谷发生了分裂，而应变 $Si/(111)Si_{1-x}Ge_x$、$Si_{1-x}Ge_x/(111)Si$ 材料的能谷简并没有消除，这与硅基应变材料导带能谷的对称性分析结果一致。图 3.4(a) 表明，张应变 $Si/(001)Si_{1-x}Ge_x$ Δ_2 能谷能级随 Ge 组分 x 的增大而减小，而 Δ_4 能谷能级随 Ge 组分 x 的增大而增大；图 3.4(b) 表明，压应变 $Si_{1-x}Ge_x/(001)Si$ Δ_2 能谷能级随 Ge 组分 x 的增大而增大，而 Δ_4 能谷能级随 Ge 组分 x 的增大而减小；图 3.4(c) 表明，张应变 $Si/(101)Si_{1-x}Ge_x$ Δ_2、Δ_4 能谷能级都随 Ge 组分 x 的增大而增大，其中 Δ_2 能谷斜率变化大于 Δ_4 能谷斜率变化；图 3.4(d) 表明，压应变 $Si_{1-x}Ge_x/(101)Si$ Δ_2、Δ_4 能谷能级都随 Ge 组分 x 的增大而减小，其中 Δ_2 能谷斜率变化大于 Δ_4 能谷斜率变化；图 3.4(e) 表明，张应变 $Si/(111)Si_{1-x}Ge_x$ Δ_6 能谷能级随 Ge 组分 x 的增大而增大；图 3.4(f) 表明，压应变 $Si_{1-x}Ge_x/(111)Si$ Δ_6 能谷能级随 Ge 组分 x 的增大而减小。

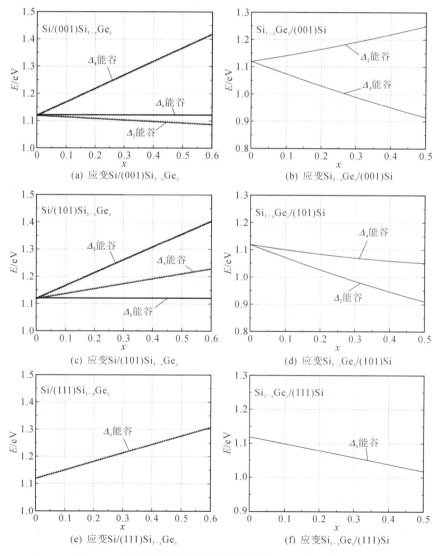

图 3.4   硅基应变材料导带能谷能级与 Ge 组分 x 的关系

　　导带能谷劈裂能与导带底电子的分布密切相关,同时为了方便后面导带底的态密度有效质量、有效状态密度等模型的研究,图 3.5(a)～(d)分别给出了应变 $Si/(001)Si_{1-x}Ge_x$、$Si_{1-x}Ge_x/(001)Si$、$Si/(101)Si_{1-x}Ge_x$、$Si_{1-x}Ge_x/(101)Si$ 材料导带能谷劈裂能与 Ge 组分 x 的函数关系。由图可见,(001)、(101)硅基应变材料的导带能谷劈裂能均随 Ge 组分 x 的增大而增大,成线性正比关系,而在同样的 Ge 组分 x 下,(001)硅基应变材料的导带能谷劈裂能明显大于(101)硅基应变材料的导带能谷劈裂能。

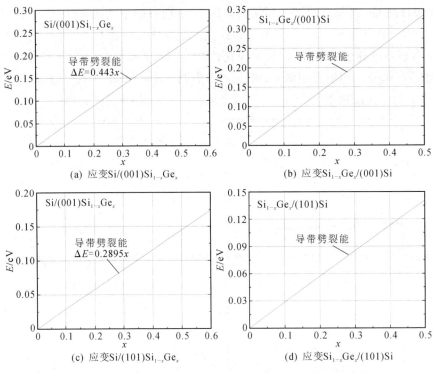

$$\text{(a) 应变} Si/(001)Si_{1-x}Ge_x \qquad \text{(b) 应变} Si_{1-x}Ge_x/(001)Si$$

$$\text{(c) 应变} Si/(101)Si_{1-x}Ge_x \qquad \text{(d) 应变} Si_{1-x}Ge_x/(101)Si$$

图 3.5　硅基应变材料导带能谷劈裂能与 Ge 组分 x 的关系

3.2　硅基应变材料价带结构模型

3.2.1　硅基应变材料价带 Γ 点处能级

　　硅基应变材料的价带结构在应力的作用下也将发生改变,考虑到硅基应变材料其他物理参数模型(如禁带宽度、价带顶的态密度有效质量、有效状态密度模型等)的研究需要的是价带带边参数模型(波矢 $k=(0,0,0)$ 时,即 Γ 点处),本小节基于硅基应变材料价带 $E-k$ 关系模型,获得了硅基应变材料带边("重空穴带")、亚带边("轻空穴带")、次带边("旋轨劈裂带")Γ 点处的能级,图 3.6(a)～(f)分别为对应变 $Si/(001)Si_{1-x}Ge_x$、$Si_{1-x}Ge_x/(001)Si$、$Si/(101)Si_{1-x}Ge_x$、$Si_{1-x}Ge_x/(101)Si$、$Si/(111)Si_{1-x}Ge_x$、$Si_{1-x}Ge_x/(111)Si$ 所获得的研究结果。

　　由图 3.6 可见,与弛豫 Si 的价带结构不同,无论是(001)、(101)还是(111)硅基应变材料的带边("重空穴带")和亚带边("轻空穴带")都发生了分裂,这一物理现象可以从硅基应变材料赝晶结构的对称性分析中获得解释：无应力时，弛豫 Si 属立方晶系，而在应力作用下，(001) 硅基应变材料为四方晶系，(101) 硅基应变材料为单斜晶系，(111) 硅基应变材料为三角晶系，对称性的下降必然导致价带顶简并度的消除。

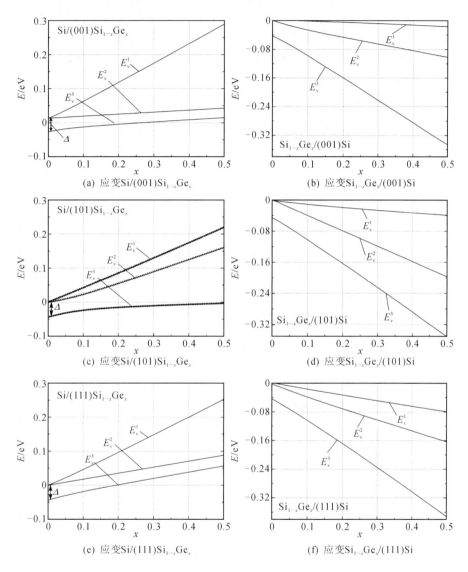

图 3.6　硅基应变材料价带带边 Γ 点处能级与 Ge 组分 x 的关系

图 3.6(a)、(c)、(e) 表明，应变 Si/(001)Si$_{1-x}$Ge$_x$、Si/(101)Si$_{1-x}$Ge$_x$、Si/(111)Si$_{1-x}$Ge$_x$ 材料的带边、亚带边、次带边 Γ 点处的能级都随 Ge 组分 x 的增加而增加，但各带边与亚带边的斜率变化不同。图 3.6(b)、(d)、(f) 表明，应变 Si$_{1-x}$Ge$_x$/(001)Si、Si$_{1-x}$Ge$_x$/(101)Si、Si$_{1-x}$Ge$_x$/(111)Si 材料的带边、亚带边、次带边 Γ 点处的能级都随 Ge 组分 x 的增加而减小，但各带边与亚带边的斜率变化不同。

需要注意的是，图 3.6 的结果选取的是弛豫 Si 的基准（价带顶能级设为零）。配合硅基应变材料导带结构模型，并将硅基应变材料的价带顶定为零基准，才能获得硅基应变材料禁带宽度模型。

　　价带带边劈裂能与价带顶电子的分布密切相关，为了方便后面价带顶的态密度有效质量、有效状态密度等模型研究，图 3.7（a）～（f）分别给出了应变 $Si/(001)Si_{1-x}Ge_x$、$Si_{1-x}Ge_x/(001)Si$、$Si/(101)Si_{1-x}Ge_x$、$Si_{1-x}Ge_x/(101)Si$、$Si/(111)Si_{1-x}Ge_x$、$Si_{1-x}Ge_x/(111)Si$ 材料价带带边劈裂能与 Ge 组分 x 的函数关系。由图可见，各价带带边与亚带边的斜率变化不同，硅基应变材料价带带边劈裂能与 Ge 组分 x 都是正比、非线性变化关系，$Si/(001)Si_{1-x}Ge_x > Si/(111)Si_{1-x}Ge_x > Si_{1-x}Ge_x/(101)Si > Si_{1-x}Ge_x/(001)Si > Si_{1-x}Ge_x/(111)Si > Si/(101)Si_{1-x}Ge_x$。

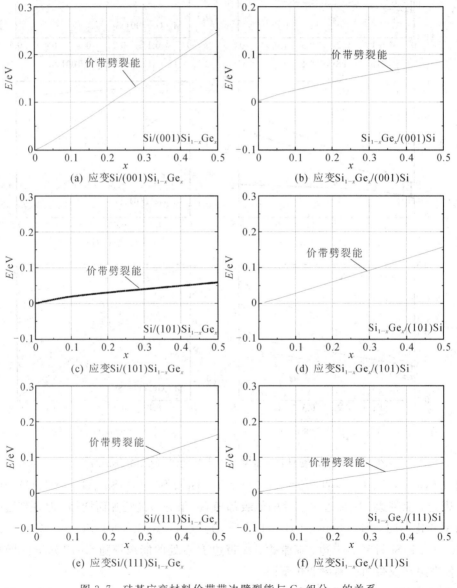

图 3.7　硅基应变材料价带带边劈裂能与 Ge 组分 x 的关系

3.2.2 应变 Si 价带结构

弛豫 Si 价带顶附近有三个带，两个最高的带（重空穴带和轻空穴带）在 $k=0$ 处 4 度简并，第三支带（旋轨劈裂带）是由自旋轨道耦合分裂出来的。弛豫 Si 重空穴带、轻空穴带等能面为扭曲面，价带结构沿不同的晶向表现出各向异性（如图 3.8(a)、图 3.9(a)、图 3.10(a)所示〈001〉、〈101〉、〈111〉三个典型晶向族方向），但同一晶向族内各晶向价带结构相同。

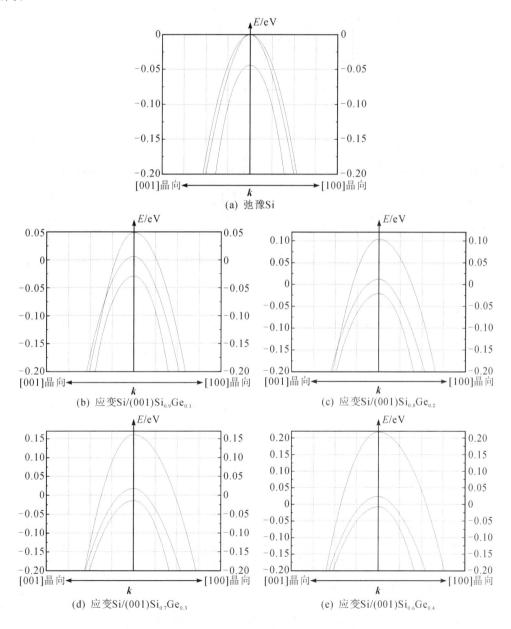

图 3.8 应变 Si/(001)Si$_{1-x}$Ge$_x$ 价带结构

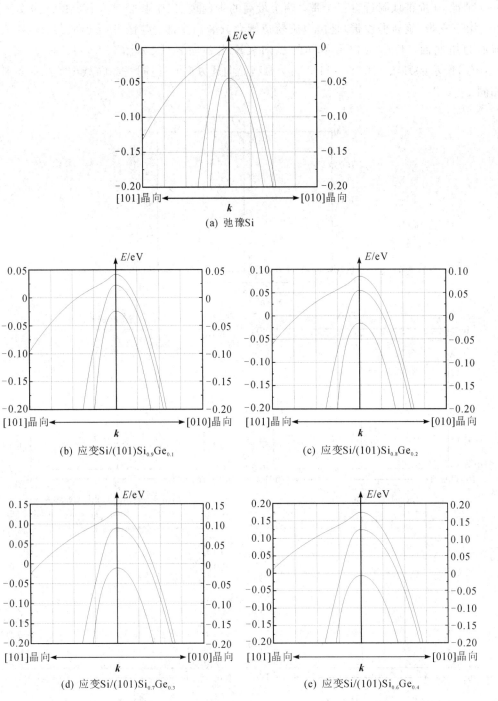

图 3.9　应变 Si/(101)Si$_{1-x}$Ge$_x$ 价带结构

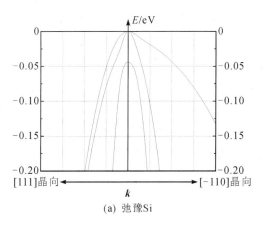

(a) 弛豫 Si

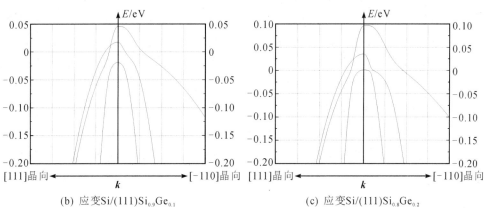

(b) 应变 Si/(111)Si$_{0.9}$Ge$_{0.1}$　　　　　　　　　(c) 应变 Si/(111)Si$_{0.8}$Ge$_{0.2}$

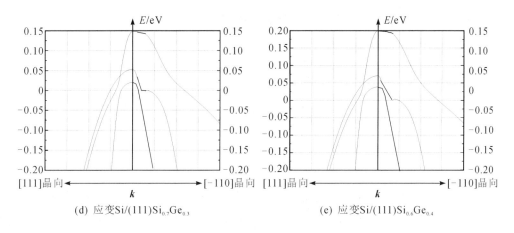

(d) 应变 Si/(111)Si$_{0.7}$Ge$_{0.3}$　　　　　　　　　(e) 应变 Si/(111)Si$_{0.6}$Ge$_{0.4}$

图 3.10　应变 Si/(111)Si$_{1-x}$Ge$_{x}$ 价带结构

硅基应变材料在应力作用下价带顶简并消除("重空穴带"和"轻空穴带"发生分裂),与 k 矢相关的"重空穴带"和"轻空穴带"价带结构也发生了变化。此外,与弛豫 Si 材料相比,硅基应变材料同一晶向族内不同方向的价带结构不同,其各向异性更加显著。下面基于硅基应变材料价带 E-k 关系模型,以应变 Si/(001)Si$_{1-x}$Ge$_x$、Si/(101)Si$_{1-x}$Ge$_x$、Si/(111)Si$_{1-x}$Ge$_x$ 为例进行分析。

图 3.8(a)～(e)分别为所获得的应变 Si/(001)Si$_{1-x}$Ge$_x$(Ge 组分 0～0.4)沿[001]和 [100]两个晶向的价带结构。弛豫时(图 3.8(a)),价带带边("重空穴带")和亚带边("轻空穴带")在 $k=0$ 极值点处简并,且沿[001]和[100]两个晶向的价带结构对称,相应的空穴有效质量也相同。图 3.8(b)～(e)表明,应变引起了应变 Si/(001)Si$_{1-x}$Ge$_x$ 价带带边("重空穴带")和亚带边("轻空穴带")的劈裂,且其劈裂能随 Ge 组分 x 的增加而逐渐增大,并且同一晶向族内沿[001]和[100]两个晶向的价带结构在应力作用下不再对称,相应的空穴有效质量亦不相同,各向异性更加显著。

图 3.9(a)～(e)分别为所获得的应变 Si/(101)Si$_{1-x}$Ge$_x$(Ge 组分 0～0.4)沿[101]和 [010]两个晶向的价带结构。图 3.9(b)～(e)表明,应变引起了价带带边("重空穴带")和亚带边("轻空穴带")的劈裂,且其劈裂能随 Ge 组分 x 的增加而逐渐增大。与弛豫 Si (图 3.9(a))情况比较发现,沿[101]和[010]晶向的价带结构和相应的空穴有效质量在应力作用下发生了变化。

图 3.10(a)～(e)分别为所获得的应变 Si/(111)Si$_{1-x}$Ge$_x$(Ge 组分 0～0.4)沿[111]和 [-110]两个晶向的价带结构。图 3.10(b)～(e)表明,应变引起了价带带边("重空穴带")和亚带边("轻空穴带")的劈裂,且其劈裂能随 Ge 组分 x 的增加而逐渐增大。与弛豫 Si(图 3.10(a))情况比较发现,沿[111]和[-110]晶向的价带结构和相应的空穴有效质量在应力作用下发生了变化。

3.3 硅基应变材料空穴有效质量

3.3.1 硅基应变材料空穴各向异性有效质量

硅基应变材料空穴有效质量是研究空穴迁移率增强机理的重要物理参数。空穴有效质量由不同晶向价带 E-k 关系中能量 E 的二阶微分表征,即

$$\frac{1}{h^2}\left(\frac{\partial^2 E}{\partial k^2}\right)_{k=0} = \frac{1}{m_{p.k}} \qquad (3-1)$$

式中:h 为普朗克常数;E 为电子的能量;$m_{p.k}$ 为电子的质量,p 为电子的动量。

弛豫 Si 价带结构是各向异性的,沿不同 k 矢方向(例如〈001〉、〈101〉、〈111〉三个典型晶向族方向)的空穴有效质量不同,而各晶向族中的各个晶向的空穴有效质量是相同的。硅基应变材料的价带结构在应力作用下发生改变,其各向异性更加显著,即使同一晶向族内,不同方向的空穴有效质量也不相同。例如,弛豫 Si [001]、[100]、[010]晶向的空穴有效质

量相同，而应变 $Si/(001)Si_{1-x}Ge_x[001]$ 晶向与 $[100]$、$[010]$ 晶向的空穴有效质量不同。这大大增加了硅基应变材料空穴各向异性有效质量研究的工作量。

为了简化工作量，本节根据硅基应变材料的受力分析，确定了需要研究的空穴有效质量的晶向，即 (001) 硅基应变材料价带顶附近的等能面与 (101)、(110) 面的交线所在平面涵盖的晶向，(101) 硅基应变材料价带顶附近的等能面与 (101)、$(10-1)$ 面的交线所在平面涵盖的晶向，(111) 硅基应变材料价带顶附近的等能面与 (110)、$(1-10)$ 面的交线所在平面涵盖的晶向，详细的晶向如图 3.11 所示。

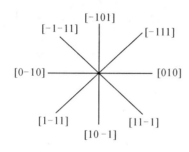

(a) 与(101)交面涵盖的晶向

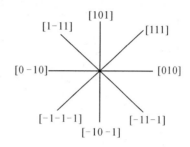

(b) 与(10-1)交面涵盖的晶向

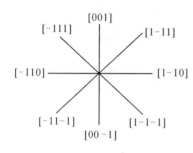

(c) 与(110)交面涵盖的晶向

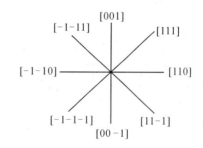

(d) 与(1-10)交面涵盖的晶向

图 3.11　硅基应变材料需要研究空穴有效质量的晶向

利用式(3-1)提供的原理，进一步讨论硅基应变材料的空穴各向异性有效质量。具体思路如下：

(1) 基于硅基应变材料价带 E-k 关系，建立欲研究晶向的价带结构模型。

(2) 利用式(3-1)提供的原理，用二次函数拟合建立该晶向的空穴有效质量。

由于工作量太大（图 3.12 所示为应变 $Si/(001)Si_{0.9}Ge_{0.1}$ 沿 $[100]$ 晶向价带结构函数，获取过程非常复杂，而且还需要用二次函数拟合才能得到该晶向的空穴有效质量，若按此步骤，需要处理几百例类似情况，工作量巨大），本书利用 Mathematica 软件仿真获得了硅基应变材料各向异性有效质量，但其原理仍为式(3-1)。所获得的硅基应变材料带边（"重空穴带"）、亚带边（"轻空穴带"）空穴各向异性有效质量结果见表 3.1～表 3.12。

```
Strained Si/Si1-XGeX*[k00] direction*Valence band*Origin order*(x=0.1)
(1/3)*(0.02547-64.4647*x^2)+(2/3)*sqrt((-0.02547+64.4647*x^2)^2-3*(-0.
0293333*(0.06947-64.4647*x^2)+(0.0059-29.4318*x^2)*(0.0059-17.516
5*x^2)+(0.0059-29.4318*x^2)*(0.05767-17.5165*x^2)+(0.0059-17.5165*
x^2)*(0.05767-17.5165*x^2)))*cos((1/3)*acos((-2*(-0.02547+64.4647*x^
2)^3+9*(-0.02547+64.4647*x^2)*(-0.0293333*(0.06947-64.4647*x^2)+(
0.0059-29.4318*x^2)*(0.0059-17.5165*x^2)+(0.0059-29.4318*x^2)*(0.0
5767-17.5165*x^2)+(0.0059-17.5165*x^2)*(0.05767-17.5165*x^2))-27*
((0.05767-17.5165*x^2)*(0.0059-17.5165*x^2)*(-0.0059+29.4318*x^2)
+0.0146667*((0.0059-29.4318*x^2)*(0.0059-17.5165*x^2)+(0.0059-2
9.4318*x^2)*(0.05767-17.5165*x^2)+(0.0059-17.5165*x^2)*(0.05767-
17.5165*x^2)))/(2*((-0.02547+64.4647*x^2)^2-3*(-0.0293333*(0.0694
7-64.4647*x^2)+(0.0059-29.4318*x^2)*(0.0059-17.5165*x^2)+(0.0059-
29.4318*x^2)*(0.05767-17.5165*x^2)+(0.0059-17.5165*x^2)*(0.05767
-17.5165*x^2)))^(3/2))))******First valence band
```

```
(1/3)*(0.02547-64.4647*x^2)+(2/3)*sqrt((-0.02547+64.4647*x^2)^2-3*(-0.0
293333*(0.06947-64.4647*x^2)+(0.0059-29.4318*x^2)*(0.0059-17.5165*
x^2)+(0.0059-29.4318*x^2)*(0.05767-17.5165*x^2)+(0.0059-17.5165*x^
2)*(0.05767-17.5165*x^2)))*cos((1/3)*acos((-2*(-0.02547+64.4647*x^2)^
3+9*(-0.02547+64.4647*x^2)*(-0.0293333*(0.06947-64.4647*x^2)+(0.00
59-29.4318*x^2)*(0.0059-17.5165*x^2)+(0.0059-29.4318*x^2)*(0.05767
-17.5165*x^2)+(0.0059-17.5165*x^2)*(0.05767-17.5165*x^2))-27*((0.05
767-17.5165*x^2)*(0.0059-17.5165*x^2)*(-0.0059+29.4318*x^2)+0.014
6667*((0.0059-29.4318*x^2)*(0.0059-17.5165*x^2)+(0.0059-29.4318*x
^2)*(0.05767-17.5165*x^2)+(0.0059-17.5165*x^2)*(0.05767-17.5165*x^
2))))/(2*((-0.02547+64.4647*x^2)^2-3*(-0.0293333*(0.06947-64.4647*x^
2)+(0.0059-29.4318*x^2)*(0.0059-17.5165*x^2)+(0.0059-29.4318*x^2)*(
0.05767-17.5165*x^2)+(0.0059-17.5165*x^2)*(0.05767-17.5165*x^2)))^(
3/2)))-(2*3.14/3))******Second valence band
```

```
(1/3)*(0.02547-64.4647*x^2)+(2/3)*sqrt((-0.02547+64.4647*x^2)^2-3*(-0.
0293333*(0.06947-64.4647*x^2)+(0.0059-29.4318*x^2)*(0.0059-17.516
5*x^2)+(0.0059-29.4318*x^2)*(0.05767-17.5165*x^2)+(0.0059-17.5165*
x^2)*(0.05767-17.5165*x^2)))*cos((1/3)*acos((-2*(-0.02547+64.4647*x^
2)^3+9*(-0.02547+64.4647*x^2)*(-0.0293333*(0.06947-64.4647*x^2)+(0
.0059-29.4318*x^2)*(0.0059-17.5165*x^2)+(0.0059-29.4318*x^2)*(0.057
67-17.5165*x^2)+(0.0059-17.5165*x^2)*(0.05767-17.5165*x^2))-27*((0.
05767-17.5165*x^2)*(0.0059-17.5165*x^2)*(-0.0059+29.4318*x^2)+0.01
46667*((0.0059-29.4318*x^2)*(0.0059-17.5165*x^2)+(0.0059-29.4318*x
^2)*(0.05767-17.5165*x^2)+(0.0059-17.5165*x^2)*(0.05767-17.5165*x^
2))))/(2*((-0.02547+64.4647*x^2)^2-3*(-0.0293333*(0.06947-64.4647*x^
2)+(0.0059-29.4318*x^2)*(0.0059-17.5165*x^2)+(0.0059-29.4318*x^2)*
(0.05767-17.5165*x^2)+(0.0059-17.5165*x^2)*(0.05767-17.5165*x^2)))
^(3/2)))+(2*3.14/3))******Third valence band
```

图 3.12　应变 Si/(001)Si$_{0.9}$Ge$_{0.1}$沿[100]晶向价带结构函数

表 3.1　张应变 $Si/(001)Si_{1-x}Ge_x$ 带边空穴有效质量

张应变 $Si/(001)Si_{1-x}Ge_x$	(110)横剖面				(101)横剖面			
	[001]	[1-11]	[-111]	[1-10]	[010]	[-111]	[11-1]	[-101]
$x=0$	0.29	0.75	0.75	0.71	0.29	0.75	0.75	0.71
$x=0.1$	0.0782	0.19	0.19	0.14	0.093	0.19	0.19	0.14
$x=0.2$	0.0778	0.172	0.172	0.142	0.094	0.172	0.172	0.1337
$x=0.3$	0.0787	0.168	0.168	0.144	0.096	0.168	0.168	0.132
$x=0.4$	0.076	0.16	0.16	0.14	0.092	0.16	0.16	0.126

表 3.2　张应变 $Si/(001)Si_{1-x}Ge_x$ 亚带边空穴有效质量

张应变 $Si/(001)Si_{1-x}Ge_x$	(110)横剖面				(101)横剖面			
	[001]	[1-11]	[-111]	[1-10]	[010]	[-111]	[11-1]	[-101]
$x=0$	0.20	0.21	0.21	0.17	0.20	0.21	0.21	0.17
$x=0.1$	0.093	0.174	0.174	0.15	0.085	0.174	0.174	0.12
$x=0.2$	0.1	0.19	0.19	0.1658	0.09	0.19	0.19	0.133
$x=0.3$	0.11	0.2	0.2	0.18	0.098	0.2	0.2	0.139
$x=0.4$	0.105	0.2	0.2	0.174	0.094	0.2	0.2	0.139

表 3.3　张应变 $Si/(101)Si_{1-x}Ge_x$ 带边空穴有效质量

张应变 $Si/(101)Si_{1-x}Ge_x$	(10-1)横剖面				(101)横剖面			
	[010]	[1-11]	[111]	[101]	[010]	[-111]	[11-1]	[-101]
$x=0$	0.29	0.75	0.75	0.71	0.29	0.75	0.75	0.71
$x=0.1$	0.259	0.557	0.3358	0.3927	0.259	0.557	0.3358	0.3927
$x=0.2$	0.247	0.5426	0.2729	0.3378	0.247	0.5426	0.2729	0.3378
$x=0.3$	0.241	0.5455	0.2396	0.3098	0.241	0.5455	0.2396	0.3098
$x=0.4$	0.235	0.5443	0.2174	0.2899	0.235	0.5443	0.2174	0.2899

表 3.4　张应变 Si/(101) Si$_{1-x}$Ge$_x$ 亚带边空穴有效质量

张应变 Si/(101) Si$_{1-x}$Ge$_x$	(10−1)横剖面				(101)横剖面			
	[010]	[1−11]	[111]	[101]	[010]	[−111]	[11−1]	[−101]
$x=0$	0.20	0.21	0.21	0.17	0.20	0.21	0.21	0.17
$x=0.1$	0.303	0.325	0.2	0.1927	0.3027	0.325	0.2	0.1927
$x=0.2$	0.292	0.312	0.162	0.1816	0.2925	0.312	0.162	0.1816
$x=0.3$	0.288	0.292	0.1588	0.1814	0.2883	0.292	0.1588	0.1814
$x=0.4$	0.282	0.2767	0.1629	0.1828	0.2819	0.2767	0.1629	0.1828

表 3.5　张应变 Si/(111) Si$_{1-x}$Ge$_x$ 带边空穴有效质量

张应变 Si/(111) Si$_{1-x}$Ge$_x$	(110)横剖面				(1−10)横剖面			
	[001]	[1−11]	[−111]	[1−10]	[001]	[111]	[11−1]	[110]
$x=0$	0.29	0.75	0.75	0.71	0.29	0.75	0.75	0.71
$x=0.1$	0.227	0.5043	0.5043	0.6267	0.227	0.1656	0.5043	0.1785
$x=0.2$	0.216	0.4647	0.4647	0.620	0.216	0.108	0.4647	0.1506
$x=0.3$	0.2626	0.5186	0.5186	0.8606	0.2626	0.1057	0.5186	0.1539
$x=0.4$	0.239	0.4788	0.4788	0.751	0.239	0.1025	0.4788	0.1469

表 3.6　张应变 Si/(111) Si$_{1-x}$Ge$_x$ 亚带边空穴有效质量

张应变 Si/(111) Si$_{1-x}$Ge$_x$	(110)横剖面				(1−10)横剖面			
	[001]	[1−11]	[−111]	[1−10]	[001]	[111]	[11−1]	[110]
$x=0$	0.20	0.21	0.21	0.17	0.20	0.21	0.21	0.17
$x=0.1$	0.2642	0.2933	0.2933	0.2153	0.2642	0.3553	0.2933	0.3819
$x=0.2$	0.1966	0.2763	0.2763	0.1958	0.1966	0.6117	0.2763	0.364
$x=0.3$	0.233	0.3059	0.3059	0.216	0.233	0.7284	0.3059	0.4482
$x=0.4$	0.2504	0.3199	0.3199	0.2252	0.2504	0.7845	0.3199	0.4922

表 3.7　压应变 $Si_{1-x}Ge_x/(001)Si$ 带边空穴有效质量

压应变 $Si_{1-x}Ge_x/(001)Si$	(110)横剖面				(101)横剖面			
	[001]	[1-11]	[-111]	[1-10]	[010]	[-111]	[11-1]	[-101]
$x=0$	0.29	0.75	0.75	0.71	0.29	0.75	0.75	0.71
$x=0.1$	0.1487	0.2636	0.2636	0.222	0.1151	0.2636	0.2636	0.192
$x=0.2$	0.1158	0.1936	0.1936	0.1552	0.0863	0.1936	0.1936	0.1439
$x=0.3$	0.1025	0.1627	0.1627	0.1269	0.073	0.1627	0.1627	0.1235
$x=0.4$	0.1122	0.1543	0.1543	0.1199	0.0723	0.1543	0.1543	0.1212

表 3.8　压应变 $Si_{1-x}Ge_x/(001)Si$ 亚带边空穴有效质量

压应变 $Si_{1-x}Ge_x/(001)Si$	(110)横剖面				(101)横剖面			
	[001]	[1-11]	[-111]	[1-10]	[010]	[-111]	[11-1]	[-101]
$x=0$	0.20	0.21	0.21	0.17	0.20	0.21	0.21	0.17
$x=0.1$	0.1384	0.17	0.17	0.1148	0.1275	0.17	0.17	0.168
$x=0.2$	0.101	0.1257	0.1257	0.0846	0.0837	0.1257	0.1257	0.1274
$x=0.3$	0.1022	0.1117	0.1117	0.0755	0.077	0.1117	0.1117	0.1188
$x=0.4$	0.1002	0.099	0.099	0.0671	0.0694	0.099	0.099	0.1090

表 3.9　压应变 $Si_{1-x}Ge_x/(101)Si$ 带边空穴有效质量

压应变 $Si_{1-x}Ge_x/(101)Si$	(10-1)横剖面				(101)横剖面			
	[010]	[1-11]	[111]	[101]	[010]	[-111]	[11-1]	[-101]
$x=0$	0.29	0.75	0.75	0.71	0.29	0.75	0.75	0.71
$x=0.1$	0.1664	0.2573	0.57	0.307	0.1664	0.2573	0.57	0.307
$x=0.2$	0.1191	0.1615	0.4609	0.2342	0.1191	0.1615	0.4609	0.2342
$x=0.3$	0.1	0.1286	0.4291	0.2092	0.1	0.1286	0.4291	0.2092
$x=0.4$	0.0967	0.1116	0.4856	0.2129	0.0967	0.1116	0.4856	0.2129

表 3.10　压应变 $Si_{1-x}Ge_x/(101)Si$ 亚带边空穴有效质量

压应变 $Si_{1-x}Ge_x/(101)Si$	(10−1)横剖面				(101)横剖面			
	[010]	[1−11]	[111]	[101]	[010]	[−111]	[11−1]	[−101]
$x=0$	0.20	0.21	0.21	0.17	0.20	0.21	0.21	0.17
$x=0.1$	0.299	0.217	0.232	0.22	0.2996	0.2174	0.2328	0.22
$x=0.2$	0.186	0.169	0.181	0.162	0.1862	0.1699	0.1818	0.1622
$x=0.3$	0.199	0.153	0.165	0.146	0.1994	0.1535	0.1657	0.1467
$x=0.4$	0.547	0.159	0.178	0.163	0.5473	0.1594	0.1786	0.1637

表 3.11　压应变 $Si_{1-x}Ge_x/(111)Si$ 带边空穴有效质量

压应变 $Si_{1-x}Ge_x/(111)Si$	(110)横剖面				(1−10)横剖面			
	[001]	[1−11]	[−111]	[1−10]	[001]	[111]	[11−1]	[110]
$x=0$	0.29	0.75	0.75	0.71	0.29	0.75	0.75	0.71
$x=0.1$	0.2247	0.3633	0.3633	0.2456	0.2247	0.7861	0.3633	0.5363
$x=0.2$	0.238	0.3006	0.3006	0.2066	0.238	1.03	0.3006	0.5473
$x=0.3$	0.1339	0.2019	0.2019	0.1402	0.1339	0.5388	0.2019	0.2858
$x=0.4$	0.1141	0.1701	0.1701	0.1193	0.1141	0.4807	0.1701	0.2402

表 3.12　压应变 $Si_{1-x}Ge_x/(111)Si$ 亚带边空穴有效质量

压应变 $Si_{1-x}Ge_x/(111)Si$	(110)横剖面				(1−10)横剖面			
	[001]	[1−11]	[−111]	[1−10]	[001]	[111]	[11−1]	[110]
$x=0$	0.20	0.21	0.21	0.17	0.20	0.21	0.21	0.17
$x=0.1$	0.2246	0.1797	0.1797	0.1693	0.2246	0.2863	0.1797	0.1985
$x=0.2$	0.3157	0.149	0.149	0.149	0.3157	0.3818	0.149	0.2411
$x=0.3$	0.1755	0.1115	0.1115	0.1075	0.1755	0.3092	0.1115	0.1864
$x=0.4$	0.1664	0.0964	0.0964	0.0936	0.1664	0.314	0.0964	0.1804

与弛豫 Si 相比，硅基双轴应变材料的带边、亚带边空穴有效质量各向异性更加明显，应力使某些 k 矢方向上的带边、亚带边空穴有效质量变化明显。表 3.1 表明，张应变 $Si/(001)Si_{1-x}Ge_x$ 带边各晶向的空穴有效质量在张应力作用下变化明显，$\langle 111 \rangle$ 和 $\langle 110 \rangle$ 晶向族空穴有效质量显著减小，其绝对数值甚至小于弛豫 Si $[001]$ 晶向的空穴有效质量。虽然 $\langle 001 \rangle$ 晶向族空穴有效质量没有 $\langle 111 \rangle$ 和 $\langle 110 \rangle$ 晶向族空穴有效质量变化显著，但其绝对数值是各晶向中最小的。同时与弛豫 Si $[001]$ 晶向的空穴有效质量相比，张应变 $Si/(001)Si_{1-x}Ge_x$ $[001]$ 晶向的空穴有效质量在应力作用下显著减小。表 3.3 表明，张应变 $Si/(101)Si_{1-x}Ge_x$ 带边 $[010]$ 晶向的空穴有效质量在张应力作用下几乎没有变化，$\langle 111 \rangle$ 和 $\langle 1-10 \rangle$ 晶向族空穴有效质量虽然明显减小，但其绝对数值与弛豫 Si $[001]$ 晶向的空穴有效质量相当。表 3.5 表明，张应变 $Si/(111)Si_{1-x}Ge_x$ 带边 $[111]$、$[110]$ 晶向的空穴有效质量在张应力作用下变化显著，且其绝对数值低于弛豫 Si $[001]$ 晶向的空穴有效质量。表 3.7 表明，压应变 $Si_{1-x}Ge_x/(001)Si$ 带边 $[001]$ 晶向的空穴有效质量绝对数值是其所有晶向中最小的，但仍明显大于张应变 $Si/(001)Si_{1-x}Ge_x$ 带边 $[001]$ 晶向的空穴有效质量绝对数值。表 3.9、表 3.11 的结果与表 3.3 的类似，应变没有产生绝对数值明显低于弛豫 Si $[001]$ 晶向的空穴有效质量。

由于应变引起价带带边与亚带边的分裂，且随 Ge 组分 x 的增加而增大，空穴主要占据带边能级，因此可以忽略亚带边空穴有效质量的贡献，将带边有效质量视为空穴有效质量。

从以上分析可知，相对于其他硅基应变材料，双轴张应变 $Si/(001)Si_{1-x}Ge_x$ 材料 $[001]$ 晶向带边空穴有效质量最小。从减小空穴有效质量、增强空穴迁移率角度出发，PMOS 器件应以双轴张应变 $Si/(001)Si_{1-x}Ge_x$ 材料 $[001]$ 晶向作为导电沟道的首选方案。

等能面可以直观地反映硅基应变材料价带空穴有效质量的各向异性。图 3.13(a)、(b) 分别为弛豫 Si 1 meV 重空穴带(HH)、1 meV 轻空穴带(LH)和 45 meV 旋轨劈裂带(SO)二维、三维等能图以及弛豫 Si 40 meV 重空穴带(HH)、40 meV 轻空穴带(LH)和 84 meV 旋轨劈裂带(SO)二维、三维等能图。由图可见，$\langle 001 \rangle$、$\langle 101 \rangle$、$\langle 111 \rangle$ 三个典型晶向族方向的重空穴、轻空穴有效质量不同，且等能面能量越高，该结果越明显。

图 3.14～图 3.19 分别给出了应变 $Si/(001)Si_{1-x}Ge_x$、$Si/(101)Si_{1-x}Ge_x$、$Si/(111)Si_{1-x}Ge_x$、$Si_{1-x}Ge_x/(001)Si$、$Si_{1-x}Ge_x/(101)Si$、$Si_{1-x}Ge_x/(111)Si$ 材料带边 40 meV 的二维、三维等能图。由图可见，其形状直观反映了表 3.1、表 3.3、表 3.5、表 3.7、表 3.9、表 3.11 中硅基应变材料带边空穴各向异性有效质量。考虑到双轴张应变 $Si/(001)Si_{1-x}Ge_x$ 在空穴迁移率增强中的重要应用，下面以双轴张应变 $Si/(001)Si_{1-x}Ge_x$ 为例对此进行说明。

在应力作用下，弛豫 Si 重空穴带等能面 $\langle 101 \rangle$ 晶向族突出部分明显收缩，双轴张应变 $Si/(001)Si_{1-x}Ge_x$ 带边("重空穴带")k_x-k_y 二维等能面($k_z=0$ 平面)越来越接近球形，这与表 3.1 显示的 $\langle 111 \rangle$ 和 $\langle 110 \rangle$ 晶向族空穴有效质量显著减小的结论相一致。值得一提的是，虽然双轴张应变 $Si/(001)Si_{1-x}Ge_x$ $\langle 111 \rangle$ 和 $\langle 110 \rangle$ 晶向族空穴有效质量与 $\langle 001 \rangle$ 晶向族空穴有效质量的绝对数值逐渐接近，但仍高一个数量级，因此，在空穴输运研究中，双轴张应变 $Si/(001)Si_{1-x}Ge_x$ 价带结构的各向异性仍需考虑。在空穴输运研究中，40 meV 等能面接近空穴的平均能量。图 3.14～图 3.19 显示的硅基应变材料等能图的扭曲性说明，要获得精确的硅基应变材料空穴输运模型，必须考虑其价带结构的各向异性。

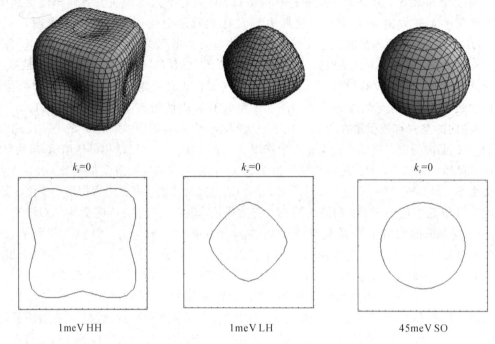

(a) 弛豫Si1meV重空穴带、1meV轻空穴带、45meV旋轨劈裂带

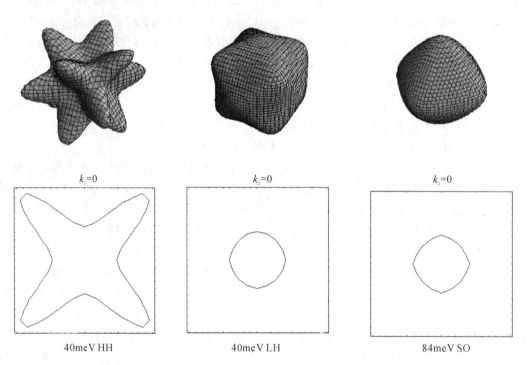

(b) 弛豫Si40meV重空穴带、40meV轻空穴带、84meV旋轨劈裂带

图 3.13　弛豫 Si 重空穴带、轻空穴带、旋轨劈裂带二维、三维等能图

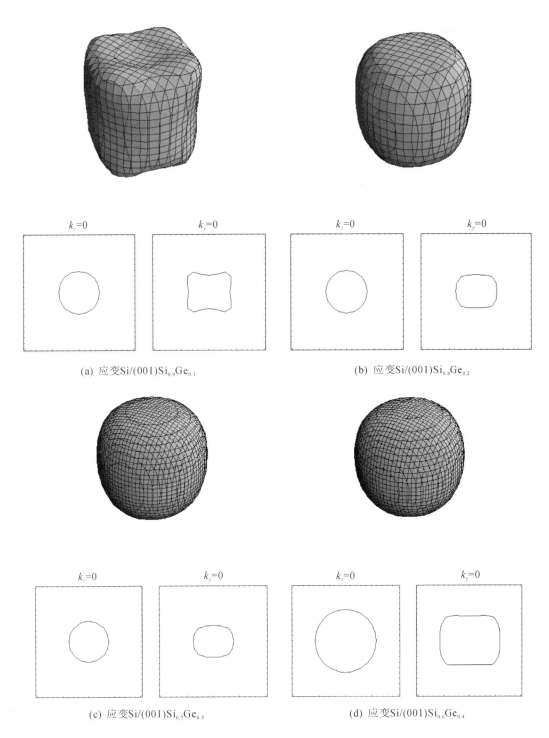

$k_z=0$　　　　　$k_y=0$　　　　　　　$k_z=0$　　　　　$k_y=0$

(a) 应变Si/(001)Si$_{0.9}$Ge$_{0.1}$　　　　　　　(b) 应变Si/(001)Si$_{0.8}$Ge$_{0.2}$

$k_z=0$　　　　　$k_y=0$　　　　　　　$k_z=0$　　　　　$k_y=0$

(c) 应变Si/(001)Si$_{0.7}$Ge$_{0.3}$　　　　　　　(d) 应变Si/(001)Si$_{0.6}$Ge$_{0.4}$

图 3.14　应变 Si/(001)Si$_{1-x}$Ge$_x$(x 为 0.1～0.4)材料带边 40 meV 等能图

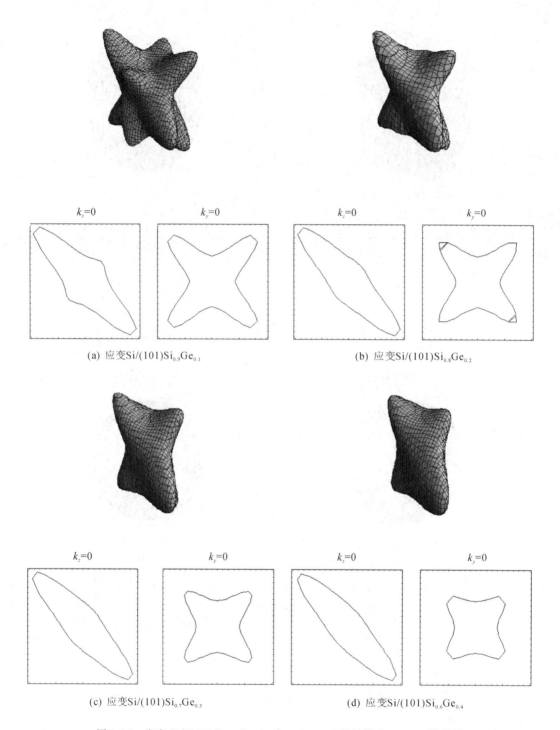

图 3.15　应变 $Si/(101)Si_{1-x}Ge_x$(x 为 $0.1\sim0.4$)材料带边 $40\ meV$ 等能图

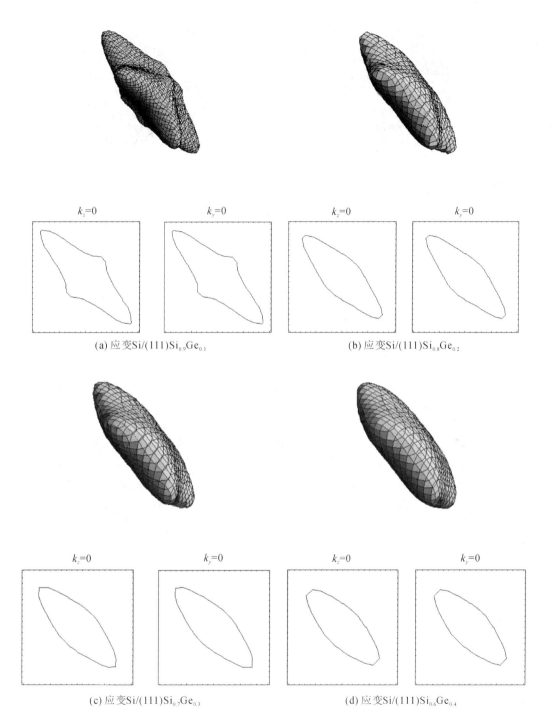

$k_z=0$　　　　　　$k_y=0$　　　　　　　$k_z=0$　　　　　　$k_y=0$

(a) 应变Si/(111)Si$_{0.9}$Ge$_{0.1}$　　　　　　　(b) 应变Si/(111)Si$_{0.8}$Ge$_{0.2}$

$k_z=0$　　　　　　$k_y=0$　　　　　　　$k_z=0$　　　　　　$k_y=0$

(c) 应变Si/(111)Si$_{0.7}$Ge$_{0.3}$　　　　　　(d) 应变Si/(111)Si$_{0.6}$Ge$_{0.4}$

图 3.16　应变 Si/(111)Si$_{1-x}$Ge$_x$(x 为 0.1~0.4)材料带边 40 meV 等能图

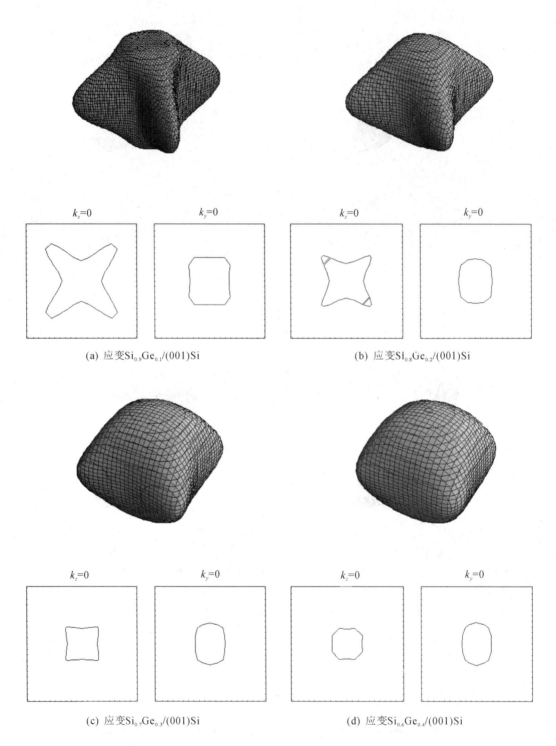

(a) 应变$Si_{0.9}Ge_{0.1}$/(001)Si

(b) 应变$Si_{0.8}Ge_{0.2}$/(001)Si

(c) 应变$Si_{0.7}Ge_{0.3}$/(001)Si

(d) 应变$Si_{0.6}Ge_{0.4}$/(001)Si

图 3.17   应变 $Si_{1-x}Ge_x$/(001)Si (x 为 0.1~0.4)材料带边 40 meV 等能图

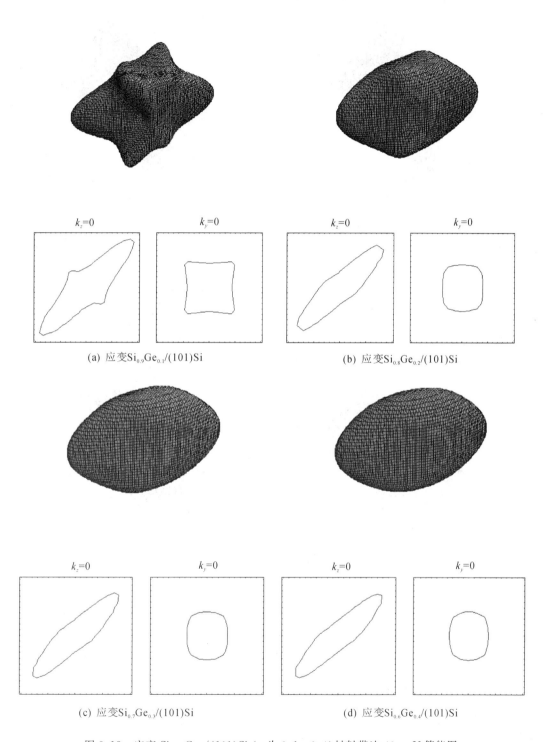

(a) 应变$Si_{0.9}Ge_{0.1}$/(101)Si

(b) 应变$Si_{0.8}Ge_{0.2}$/(101)Si

(c) 应变$Si_{0.7}Ge_{0.3}$/(101)Si

(d) 应变$Si_{0.6}Ge_{0.4}$/(101)Si

图 3.18　应变 $Si_{1-x}Ge_x$/(101)Si (x 为 0.1～0.4)材料带边 40 meV 等能图

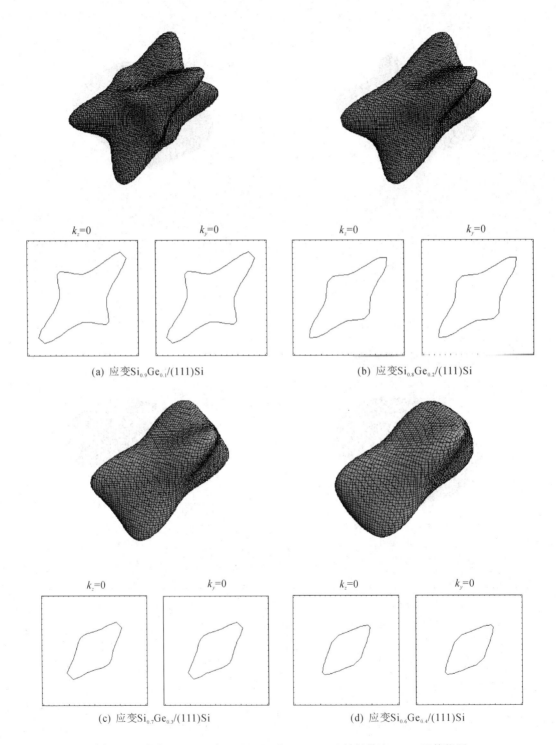

图 3.19　应变 $Si_{1-x}Ge_x/(111)Si$ (x 为 $0.1\sim0.4$)材料带边 $40\,meV$ 等能图

图 3.20～图 3.25 分别为应变 $Si/(001)Si_{1-x}Ge_x$、$Si_{1-x}Ge_x/(001)Si$、$Si/(101)Si_{1-x}Ge_x$、$Si_{1-x}Ge_x/(101)Si$、$Si/(111)Si_{1-x}Ge_x$、$Si_{1-x}Ge_x/(111)Si$ 材料亚带边的二维、三维等能图。

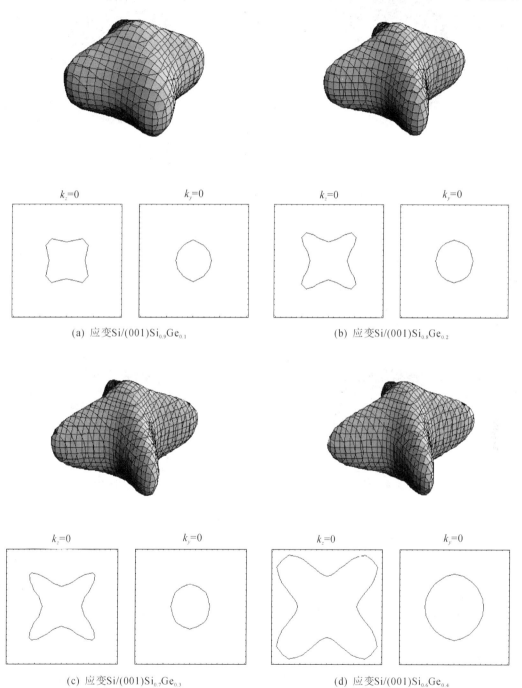

$k_z=0$ 　　　 $k_y=0$ 　　　　　　 $k_z=0$ 　　　 $k_y=0$

(a) 应变$Si/(001)Si_{0.9}Ge_{0.1}$ 　　　　　　 (b) 应变$Si/(001)Si_{0.8}Ge_{0.2}$

$k_z=0$ 　　　 $k_y=0$ 　　　　　　 $k_z=0$ 　　　 $k_y=0$

(c) 应变$Si/(001)Si_{0.7}Ge_{0.3}$ 　　　　　　 (d) 应变$Si/(001)Si_{0.6}Ge_{0.4}$

图 3.20　应变 $Si/(001)Si_{1-x}Ge_x(x$ 为 $0.1\sim0.4)$材料亚带边等能图

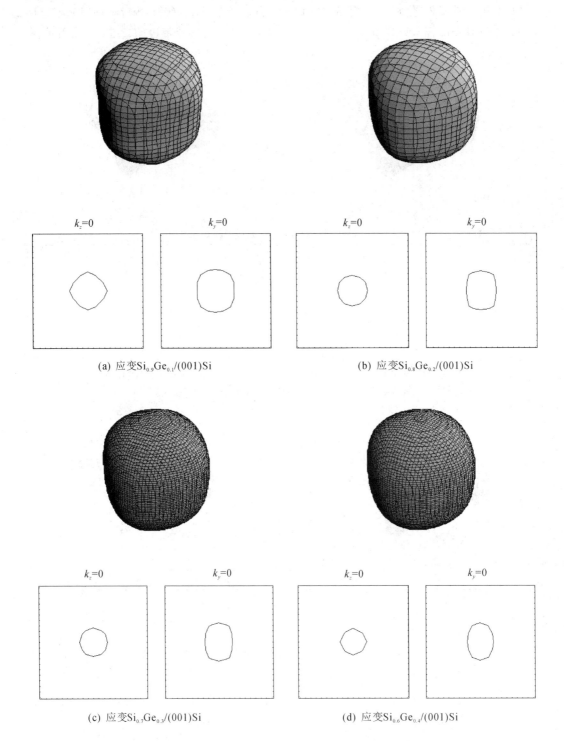

(a) 应变$Si_{0.9}Ge_{0.1}/(001)Si$　　　　　(b) 应变$Si_{0.8}Ge_{0.2}/(001)Si$

(c) 应变$Si_{0.7}Ge_{0.3}/(001)Si$　　　　　(d) 应变$Si_{0.6}Ge_{0.4}/(001)Si$

图 3.21　应变 $Si_{1-x}Ge_x/(001)Si$（x 为 0.1～0.4）材料亚带边等能图

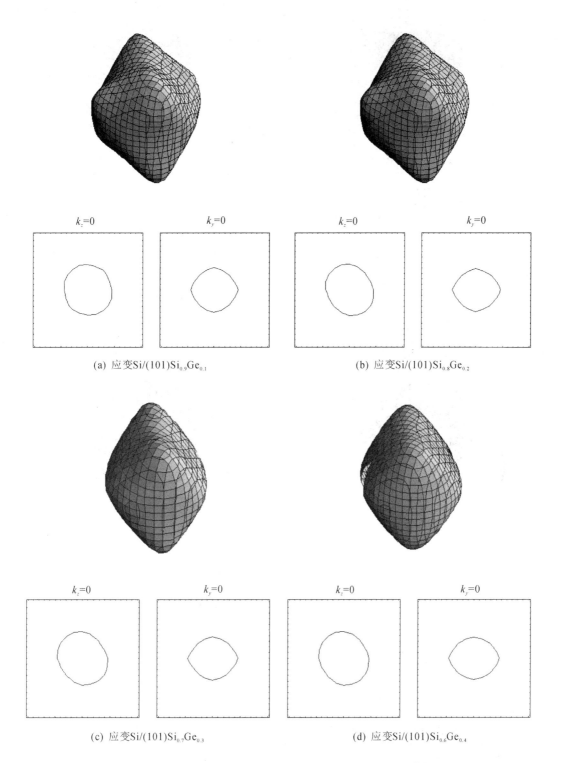

(a) 应变Si/(101)Si$_{0.9}$Ge$_{0.1}$

(b) 应变Si/(101)Si$_{0.8}$Ge$_{0.2}$

(c) 应变Si/(101)Si$_{0.7}$Ge$_{0.3}$

(d) 应变Si/(101)Si$_{0.6}$Ge$_{0.4}$

图 3.22　应变 Si/(101)Si$_{1-x}$Ge$_x$(x 为 0.1~0.4)材料亚带边等能图

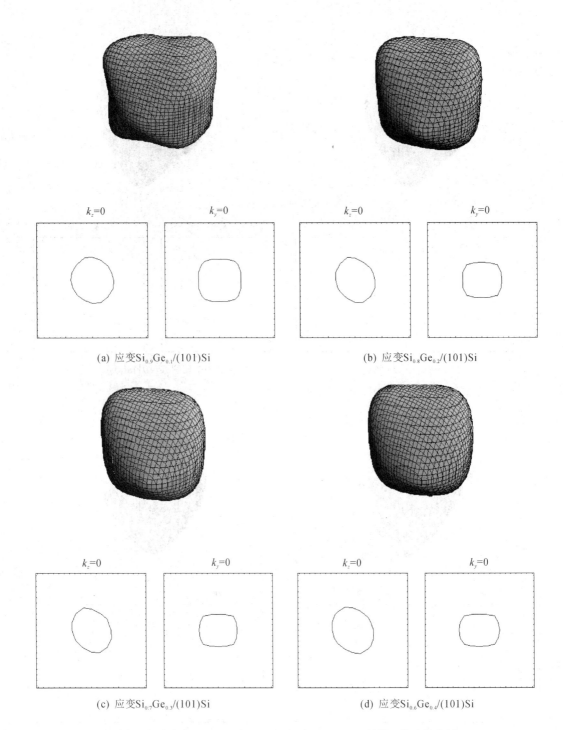

图 3.23　应变 $Si_{1-x}Ge_x/(101)Si$ (x 为 $0.1 \sim 0.4$)材料亚带边等能图

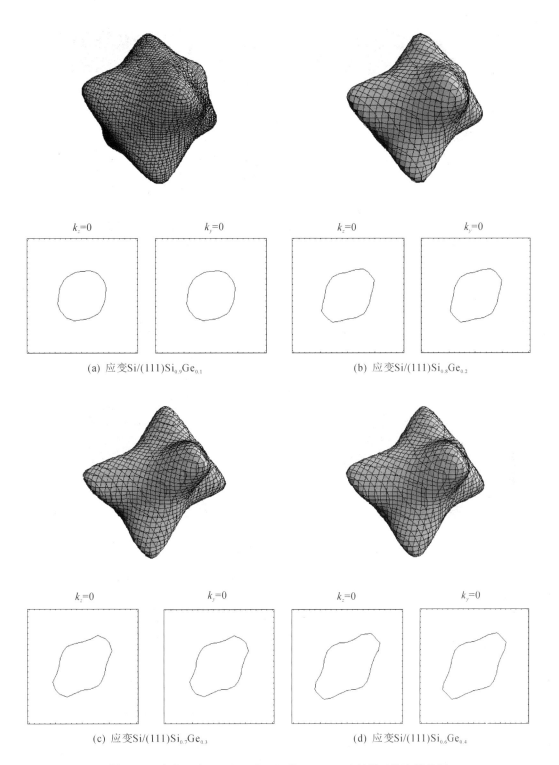

(a) 应变Si/(111)Si$_{0.9}$Ge$_{0.1}$　　　　　　　(b) 应变Si/(111)Si$_{0.8}$Ge$_{0.2}$

(c) 应变Si/(111)Si$_{0.7}$Ge$_{0.3}$　　　　　　　(d) 应变Si/(111)Si$_{0.6}$Ge$_{0.4}$

图 3.24　应变 Si/(111)Si$_{1-x}$Ge$_x$(x 为 0.1～0.4)材料亚带边等能图

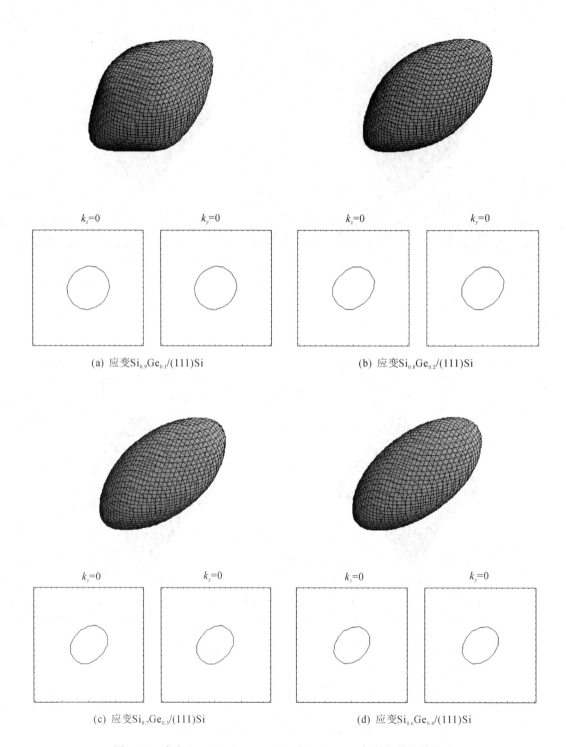

(a) 应变$Si_{0.9}Ge_{0.1}$/(111)Si

(b) 应变$Si_{0.8}Ge_{0.2}$/(111)Si

(c) 应变$Si_{0.7}Ge_{0.3}$/(111)Si

(d) 应变$Si_{0.6}Ge_{0.4}$/(111)Si

图 3.25　应变 $Si_{1-x}Ge_x$/(111)Si (x 为 0.1~0.4)材料亚带边等能图

3.3.2　硅基应变材料空穴各向同性有效质量

建立导带底和价带顶的态密度有效质量、有效状态密度及本征载流子浓度模型，需要研究硅基应变材料带边、亚带边空穴各向同性有效质量模型，即将硅基应变材料带边、亚带边空穴各向异性有效质量近似为各向同性有效质量。

通常采用球形近似处理方法（见图 3.26）将弛豫 Si 带边、亚带边空穴各向异性有效质量近似为各向同性有效质量，即取[111]和[001]晶向带边、亚带边空穴有效质量的平均值作为弛豫 Si 带边（"重空穴带"）和亚带边（"轻空穴带"）空穴有效质量。与弛豫 Si 不同的是，硅基应变材料的价带结构各向异性在应力作用下更加显著，即使同一晶向族内，不同方向的空穴有效质量也不相同。例如，弛豫 Si [001]、[100]、[010]晶向的空穴有效质量相同，而应变 Si/(001)Si$_{1-x}$Ge$_x$[001]晶向与[100]、[010]晶向的空穴有效质量不同。此外，硅基应变材料带边、亚带边 $E-k$ 关系较弛豫 Si 带边（"重空穴带"）、亚带边（"轻空穴带"）$E-k$ 解析表达式复杂，处理时需要进行数值分析，这些都增加了分析难度。

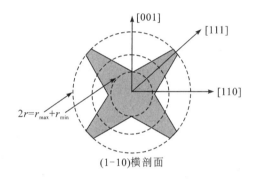

图 3.26　弛豫 Si 空穴有效质量近似图

鉴于以上情况，硅基应变材料带边、亚带边空穴各向同性有效质量模型建立思路如下：

（1）采用弛豫 Si 球形近似处理方法，同时需要考虑硅基应变材料同一晶向族内不同晶向空穴有效质量的不同（即取不同晶向空穴有效质量的平均值）。

（2）通过数值分析获得不同 Ge 组分（$x=0.1$、0.2、0.3、0.4）硅基应变材料带边、亚带边空穴各向同性有效质量，采用数学拟合方法建立硅基应变材料带边、亚带边空穴各向同性有效质量模型。

图 3.27～图 3.29 分别为(001)、(101)和(111) 硅基应变材料带边（"重空穴带"）、亚带边（"轻空穴带"）空穴有效质量与 Ge 组分 x 的拟合结果（各图中所列表中为拟合所需数据，由数值分析获得）。由图 3.27～图 3.29 可见，应变引起了硅基应变材料带边（"重空穴带"）、亚带边（"轻空穴带"）空穴有效质量的变化。具体结果如下：

（1）如图 3.27(a)所示，应变 Si/(001)Si$_{1-x}$Ge$_x$ 亚带边（"轻空穴带"）空穴有效质量在应力作用下变化不大；在 Ge 组分 x 较小时，应变 Si/(001)Si$_{1-x}$Ge$_x$ 带边（"重空穴带"）空穴有效质量随 Ge 组分 x 的增加而急剧减小，而在 Ge 组分 x 较大时，其变化趋于平缓；当 Ge 组分 x 大于 0.06 左右后，带边（"重空穴带"）空穴有效质量小于亚带边（"轻空穴带"）空穴有效质量，传统的重空穴和轻空穴概念失去意义。

张应变 Si/(001) Si$_{1-x}$Ge$_x$	带边空穴有效质量	亚带边空穴有效质量
$x=0$	0.52	0.19
$x=0.1$	0.1378	0.1715
$x=0.2$	0.1289	0.1625
$x=0.3$	0.1277	0.162
$x=0.4$	0.122	0.1598

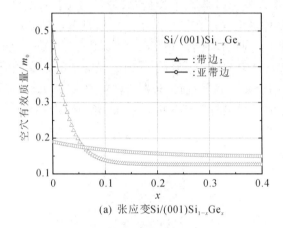

(a) 张应变Si/(001)Si$_{1-x}$Ge$_x$

压应变 Si$_{1-x}$Ge$_x$ /(001)Si	带边空穴有效质量	亚带边空穴有效质量
$x=0$	0.52	0.19
$x=0.1$	0.1978	0.1456
$x=0.2$	0.1473	0.1154
$x=0.3$	0.1252	0.094
$x=0.4$	0.1233	0.0864

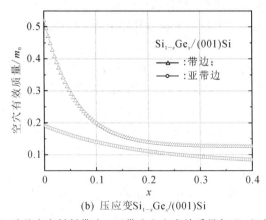

(b) 压应变Si$_{1-x}$Ge$_x$/(001)Si

图 3.27　(001)硅基应变材料带边、亚带边空穴有效质量与 Ge 组分 x 的拟合结果

张应变 Si/(101) $Si_{1-x}Ge_x$	带边空穴有效质量	亚带边空穴有效质量
$x=0$	0.52	0.19
$x=0.1$	0.3527	0.2477
$x=0.2$	0.3274	0.2371
$x=0.3$	0.3168	0.2349
$x=0.4$	0.3109	0.2324

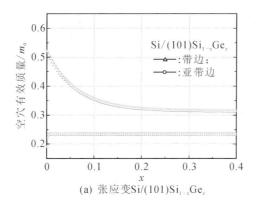

(a) 张应变Si/(101)$Si_{1-x}Ge_x$

压应变 $Si_{1-x}Ge_x$/(101)Si	带边空穴有效质量	亚带边空穴有效质量
$x=0$	0.52	0.19
$x=0.1$	0.27	0.2662
$x=0.2$	0.2152	0.3174
$x=0.3$	0.1977	0.3431
$x=0.4$	0.1894	0.3537

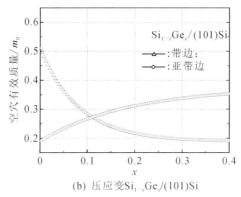

(b) 压应变$Si_{1-x}Ge_x$/(101)Si

图 3.28　(101) 硅基应变材料带边、亚带边空穴有效质量与 Ge 组分 x 的拟合结果

张应变 Si/(111) $Si_{1-x}Ge_x$	带边空穴有效质量	亚带边空穴有效质量
$x=0$	0.52	0.19
$x=0.1$	0.4788	0.2743
$x=0.2$	0.4418	0.3182
$x=0.3$	0.3973	0.3280
$x=0.4$	0.3569	0.3369

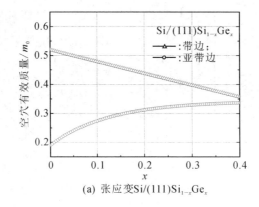

(a) 张应变Si/(111)$Si_{1-x}Ge_x$

压应变 $Si_{1-x}Ge_x$/(111)Si	带边空穴有效质量	亚带边空穴有效质量
$x=0$	0.52	0.19
$x=0.1$	0.3469	0.1864
$x=0.2$	0.2605	0.1742
$x=0.3$	0.21	0.1699
$x=0.4$	0.1809	0.1614

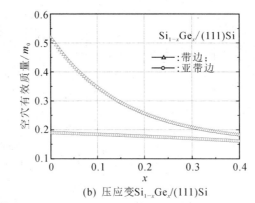

(b) 压应变$Si_{1-x}Ge_x$/(111)Si

图 3.29　(111)硅基应变材料带边、亚带边空穴有效质量与 Ge 组分 x 的拟合结果

（2）如图 3.27(b)所示，应变 $Si_{1-x}Ge_x/(001)Si$ 亚带边（"轻空穴带"）空穴有效质量随 Ge 组分 x 的增加而略微减小；在 Ge 组分 x 较小时，应变 $Si_{1-x}Ge_x/(001)Si$ 带边（"重空穴带"）空穴有效质量随 Ge 组分 x 的增加而急剧减小，而在 Ge 组分 x 较大时，其变化趋于平缓；应变 $Si_{1-x}Ge_x/(001)Si$ 未出现类似应变 $Si/(001)Si_{1-x}Ge_x$ 中带边（"重空穴带"）空穴有效质量小于亚带边（"轻空穴带"）空穴有效质量的情况。

（3）如图 3.28(a)所示，应变 $Si/(101)Si_{1-x}Ge_x$ 亚带边（"轻空穴带"）空穴有效质量在应力作用下略微增大，而带边（"重空穴带"）空穴有效质量随 Ge 组分 x 的增加而明显变小，同时未出现小于亚带边（"轻空穴带"）空穴有效质量的情况。

（4）如图 3.28(b)所示，应变 $Si_{1-x}Ge_x/(101)Si$ 亚带边（"轻空穴带"）和带边（"重空穴带"）空穴有效质量都有显著的变化，当 Ge 组分 x 大于 0.1 左右后出现了带边（"重空穴带"）空穴有效质量小于亚带边（"轻空穴带"）空穴有效质量的情况。

（5）如图 3.29(a)所示，应变 $Si/(111)Si_{1-x}Ge_x$ 带边（"重空穴带"）和亚带边（"轻空穴带"）空穴有效质量随 Ge 组分 x 的增加都有明显变化，前者明显减小，而后者明显增加，但未出现带边（"重空穴带"）空穴有效质量小于亚带边（"轻空穴带"）空穴有效质量的情况。

（6）如图 3.29(b)所示，应变 $Si_{1-x}Ge_x/(111)Si$ 的情况与应变 $Si_{1-x}Ge_x/(001)Si$ 的情况类似，亚带边（"轻空穴带"）空穴有效质量略微减小，带边（"重空穴带"）空穴有效质量明显减小，但未出现类似应变 $Si/(001)Si_{1-x}Ge_x$ 中带边（"重空穴带"）空穴有效质量小于亚带边（"轻空穴带"）空穴有效质量的情况。

与目前仅有的(001)硅基应变材料空穴有效质量文献报道比对发现，本书所建立的压应变 $Si_{1-x}Ge_x/(001)Si$ 带边（"重空穴带"）、亚带边（"轻空穴带"）空穴有效质量模型在变化趋势上与文献报道的结果一致；张应变 $Si/(001)Si_{1-x}Ge_x$ 带边（"重空穴带"）空穴有效质量变化趋势与文献报道的结果一致；张应变 $Si/(001)Si_{1-x}Ge_x$ 亚带边（"轻空穴带"）空穴有效质量变化趋势虽与文献报道的结果不同，但两者在数值上几乎一致。这说明本书所建立的硅基应变材料带边（"重空穴带"）、亚带边（"轻空穴带"）空穴各向同性有效质量模型的思路正确可行。

3.4　硅基应变材料态密度

3.4.1　硅基应变材料导带底附近态密度

建立导带底电子态密度有效质量模型是获得硅基应变材料导带底附近态密度模型的关键。与弛豫 Si 材料一样，硅基应变材料中的导带电子大部分处于导带底附近。

考虑硅基应变材料导带能谷简并度，基于已建立的硅基应变材料导带能谷劈裂能模型，采用类似 GaAs 系统处理方法建立导带底电子有效质量 m_n^* 和电子态密度有效质量 m_{dn} 模型：

$$m_n^* = m_{dn} = [a \times (m_c)^{3/2} + (6-a) \times (m_c)^{3/2} \times \exp(-\Delta E_{c,Split}/KT)]^{2/3} \qquad (3-2)$$

式中：a 为硅基应变材料导带底等价能谷数目；$m_c = (m_l \times m_t^2)^{1/3}$ 为导带一个能谷的态密度有效质量；$\Delta E_{c,Split}$ 为硅基应变材料导带能谷劈裂能；K 为玻尔兹曼常数；$T = 300\ K$（室温）；$KT = 0.026\ \mathrm{eV}$。

（111）硅基应变材料与弛豫 Si 材料导带底等价能谷数目相同，其导带底附近状态密度有效质量与弛豫 Si 的相同。所获得的应变 $\mathrm{Si}/(001)\mathrm{Si}_{1-x}\mathrm{Ge}_x$、$\mathrm{Si}_{1-x}\mathrm{Ge}_x/(001)\mathrm{Si}$、$\mathrm{Si}/(101)\mathrm{Si}_{1-x}\mathrm{Ge}_x$、$\mathrm{Si}_{1-x}\mathrm{Ge}_x/(101)\mathrm{Si}$ 材料导带底附近态密度有效质量模型见图 3.30。由图可见，导带能谷劈裂使得(001)、(101) 硅基应变材料态密度有效质量低于弛豫 Si 态密度有效质量。在 Ge 组分 x 较小时，(001)、(101) 硅基应变材料态密度有效质量随 Ge 组分 x 的增加而迅速减小，但在一定 Ge 组分浓度下又趋于平缓，其中，应变 $\mathrm{Si}_{1-x}\mathrm{Ge}_x/(001)\mathrm{Si}$ 表现得最为明显。此外，温度越高，(001)、(101) 硅基应变材料态密度有效质量越大。在 Ge 组分 x 较小时，温度对(001) 硅基应变材料电子态密度有效质量有一定影响，而温度对(101) 硅基应变材料电子态密度有效质量的影响在更大 Ge 组分 x 范围内存在。

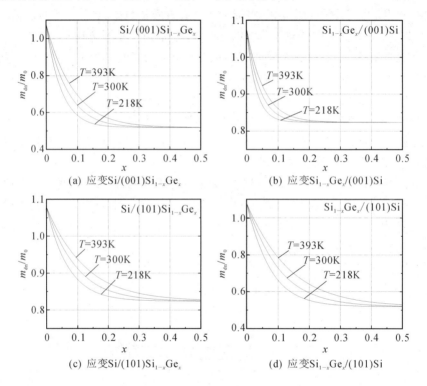

图 3.30　硅基应变材料导带底附近态密度有效质量与 Ge 组分 x 的关系

硅基应变材料导带底附近态密度模型与弛豫 Si 的类似，即

$$g_c(E) = 4\pi V (2m_n^*)^{3/2} (E - E_c)^{1/2}/h^3 \tag{3-3}$$

式中：m_n^* 可由式(3-2)确定；考虑到可以将应变视为微扰，硅基应变材料体积与弛豫 Si 材料相比变化不大，V 仍取弛豫 Si、$\mathrm{Si}_{1-x}\mathrm{Ge}_x$ 的体积；E_c 为硅基应变材料导带底能谷能级。此外，式(3-3)中的参数单位都采用国际单位（V 的单位为 cm^3），所得量纲为 $\mathrm{m}^{-3}\cdot\mathrm{J}^{-1}$，若换为 $\mathrm{cm}^{-3}\cdot\mathrm{eV}^{-1}$，则需要在结果中乘以 1.602×10^{-13}。

图 3.31（a）～（f）分别为所获得的应变 $\mathrm{Si}/(001)\mathrm{Si}_{1-x}\mathrm{Ge}_x$、$\mathrm{Si}_{1-x}\mathrm{Ge}_x/(001)\mathrm{Si}$、$\mathrm{Si}/(111)\mathrm{Si}_{1-x}\mathrm{Ge}_x$、$\mathrm{Si}_{1-x}\mathrm{Ge}_x/(111)\mathrm{Si}$、$\mathrm{Si}/(101)\mathrm{Si}_{1-x}\mathrm{Ge}_x$、$\mathrm{Si}_{1-x}\mathrm{Ge}_x/(101)\mathrm{Si}$ 材料室温下导带底附近态密度与 Ge 组分 x 的关系。由图可见，硅基应变材料导带底附近态密度与能量

有抛物线型关系，且随着导带底电子态密度有效质量的减小而减小，即应变强度与硅基应变材料导带底附近态密度成反比关系。相同 Ge 组分浓度下，硅基压应变材料导带底附近态密度比硅基张应变材料导带底附近态密度低。在 Ge 组分 x 较小时，应变 Si/(001)Si$_{1-x}$Ge$_x$、Si$_{1-x}$Ge$_x$/(001)Si、Si$_{1-x}$Ge$_x$/(101)Si、Si$_{1-x}$Ge$_x$/(111)Si 材料导带底附近态密度随 Ge 组分 x 的增加而迅速减小。此外，硅基应变材料导带底能谷能级随 Ge 组分 x 的变化在图中也有所体现。

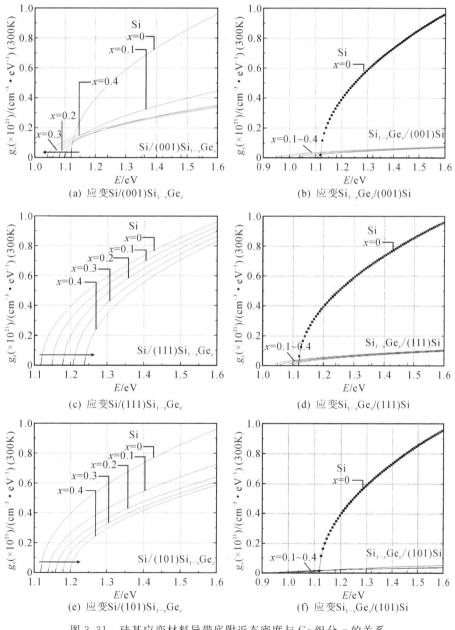

图 3.31　硅基应变材料导带底附近态密度与 Ge 组分 x 的关系

3.4.2　硅基应变材料价带顶附近态密度

与导带的情况类似,硅基应变材料中的价带空穴大部分处于价带顶附近。基于已建立的硅基应变材料价带带边劈裂能模型和带边、亚带边各向同性有效质量模型,仍采用类似 GaAs 系统处理方法首先建立价带顶空穴有效质量 m_p^* 和空穴态密度有效质量 m_{dp} 模型:

$$m_p^* = m_{dp} = \left[(m_p)_f^{3/2} + (m_p)_s^{3/2} \times \exp(-\Delta E_{v,Split}/KT) \right]^{2/3} \tag{3-4}$$

式中:$(m_p)_f$ 为硅基应变材料价带带边空穴有效质量;$(m_p)_s$ 为亚带边空穴有效质量;$\Delta E_{v,Split}$ 为价带带边劈裂能。

图 3.32(a)~(f)分别为所获得的应变 $Si/(001)Si_{1-x}Ge_x$、$Si_{1-x}Ge_x/(001)Si$、$Si/(101)Si_{1-x}Ge_x$、$Si_{1-x}Ge_x/(101)Si$、$Si/(111)Si_{1-x}Ge_x$、$Si_{1-x}Ge_x/(111)Si$ 材料价带顶空穴态密度有效质量与 Ge 组分 x 的关系。由图可见,在 Ge 组分 x 较小时,应变 $Si/(001)Si_{1-x}Ge_x$、$Si_{1-x}Ge_x/(001)Si$、$Si/(101)Si_{1-x}Ge_x$、$Si_{1-x}Ge_x/(101)Si$ 材料价带顶空穴态密度有效质量随 Ge 组分 x 的增加而急剧减小,而在 Ge 组分 x 较大时,其变化趋于平缓,其中,尤以(001)硅基应变材料最为显著。(111)硅基应变材料价带顶空穴态密度有效质量随 Ge 组分 x 的增加而显著减小,但未出现变化趋于平缓的现象。此外,温度越高,硅基应变材料空穴态密度有效质量越大,但影响不大。

硅基应变材料价带顶附近态密度模型与弛豫 Si 的类似,即

$$g_v(E) = 4\pi V (2m_p^*)^{3/2} (E_v - E)^{1/2}/h^3 \tag{3-5}$$

式中:m_p^* 可由式(3-4)确定;考虑到可以将应变视为微扰,硅基应变材料体积与弛豫 Si 材料相比变化不大,V 仍取弛豫 Si、$Si_{1-x}Ge_x$ 的体积;E_v 为硅基应变材料价带顶带边能级。

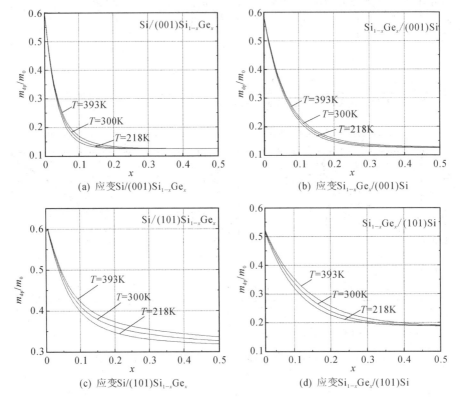

(a) 应变$Si/(001)Si_{1-x}Ge_x$　　　　(b) 应变$Si_{1-x}Ge_x/(001)Si$

(c) 应变$Si/(101)Si_{1-x}Ge_x$　　　　(d) 应变$Si_{1-x}Ge_x/(101)Si$

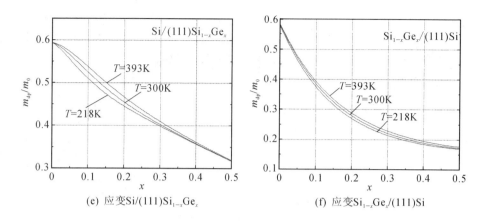

(e) 应变Si/(111)Si$_{1-x}$Ge$_x$ (f) 应变Si$_{1-x}$Ge$_x$/(111)Si

图 3.32　硅基应变材料价带顶空穴态密度有效质量与 Ge 组分 x 的关系

图 3.33(a)～(f)为所获得的应变 Si/(001)Si$_{1-x}$Ge$_x$、Si$_{1-x}$Ge$_x$/(001)Si、Si/(101)Si$_{1-x}$Ge$_x$、Si$_{1-x}$Ge$_x$/(101)Si、Si/(111)Si$_{1-x}$Ge$_x$、Si$_{1-x}$Ge$_x$/(111)Si 材料价带顶附近密度与 Ge 组分 x 的关系。由图可见，硅基应变材料价带顶附近态密度与能量有抛物线型关系，且随着价带顶空穴态密度有效质量的减小而减小，即应变强度与硅基应变材料价带顶附近态密度成反比关系。在 Ge 组分 x 较小时，(001)硅基应变材料价带顶附近态密度随 Ge 组分 x 的增加而迅速减小。此外，硅基应变材料价带顶带边能级随 Ge 组分 x 的变化在图中有所体现。

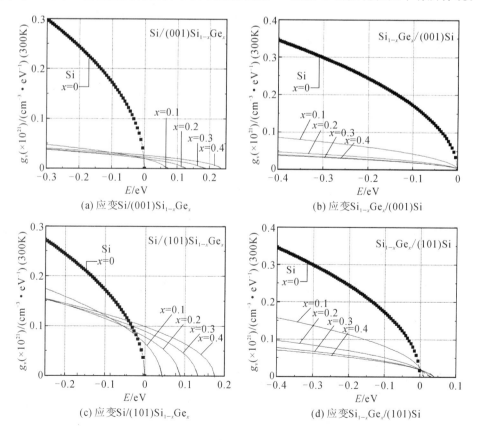

(a) 应变Si/(001)Si$_{1-x}$Ge$_x$ (b) 应变Si$_{1-x}$Ge$_x$/(001)Si

(c) 应变Si/(101)Si$_{1-x}$Ge$_x$ (d) 应变Si$_{1-x}$Ge$_x$/(101)Si

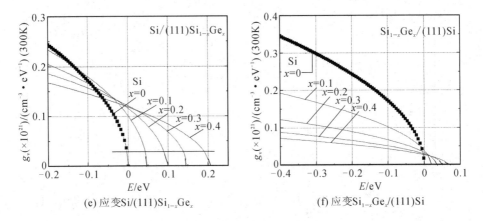

(e) 应变Si/(111)Si$_{1-x}$Ge$_x$　　　　　　　　　(f) 应变Si$_{1-x}$Ge$_x$/(111)Si

图 3.33　硅基应变材料价带顶附近态密度与 Ge 组分 x 的关系

3.5　硅基应变材料有效状态密度及本征载流子浓度

与弛豫 Si 类似，硅基应变材料本征电子浓度为

$$n_0 = \int_{E_c}^{\infty} \frac{(2m_{dn})^{3/2}}{2\pi^2\hbar^3} (E-E_c)^{1/2} e^{-\frac{E-E_F}{KT}} dE = 2\left(\frac{m_{dn}KT}{2\pi\hbar^2}\right)^{3/2} e^{-\frac{E_c-E_F}{KT}} = N_c e^{-\frac{E_c-E_F}{KT}} \qquad (3-6)$$

式中：E_F 为费米能级；N_c 为硅基应变材料导带有效状态密度（见式(3-9)）；K 为玻尔兹曼常数；T 为温度；$\hbar$ 为约化普朗克常数。

同理，硅基应变材料本征空穴浓度为

$$p_0 = \int_{-\infty}^{E_v} \frac{(2m_{dp})^{3/2}}{2\pi^2\hbar^3} (E_v-E)^{1/2} e^{-\frac{E_F-E}{KT}} dE = 2\left(\frac{m_{dp}KT}{2\pi\hbar^2}\right)^{3/2} e^{-\frac{E_F-E_v}{KT}} = N_v e^{-\frac{E_F-E_v}{KT}} \qquad (3-7)$$

式中：N_v 为硅基应变材料价带有效状态密度（见式(3-10)）。

对于本征情况，利用电中性条件 $n_0 = p_0$，得硅基应变材料本征载流子浓度为

$$n_i = (N_c N_v)^{1/2} \exp(-E_g/2KT) \qquad (3-8)$$

式(3-8)表明，建立硅基应变材料本征载流子浓度(n_i)模型的关键是确定硅基应变材料导带有效状态密度(N_c)、价带有效状态密度(N_v)及禁带宽度(E_g)模型。

基于硅基应变材料导带、价带能带结构模型，首先建立硅基应变材料禁带宽度(E_g)模型。图 3.34(a)~(f)分别为所获得的应变 Si/(001)Si$_{1-x}$Ge$_x$、Si$_{1-x}$Ge$_x$/(001)Si、Si/(101)Si$_{1-x}$Ge$_x$、Si$_{1-x}$Ge$_x$/(101)Si、Si/(111)Si$_{1-x}$Ge$_x$、Si$_{1-x}$Ge$_x$/(111)Si 材料禁带宽度 E_g 与 Ge 组分 x 的函数关系图。由图可见，硅基应变材料禁带宽度 E_g 随 Ge 组分 x 的增加而减小，与 Ge 组分 x 成反比关系，而且随 Ge 组分 x 的变化率各不相同，顺序依次为应变 Si/(001)Si$_{1-x}$Ge$_x$、Si/(101)Si$_{1-x}$Ge$_x$、Si$_{1-x}$Ge$_x$/(001)Si、Si$_{1-x}$Ge$_x$/(101)Si、Si/(111)Si$_{1-x}$Ge$_x$、Si$_{1-x}$Ge$_x$/(111)Si。其中，应变 Si/(001)Si$_{1-x}$Ge$_x$ 禁带宽度 E_g 随 Ge 组分 x 的变化率最大，应变 Si$_{1-x}$Ge$_x$/(111)Si 禁带宽度 E_g 随 Ge 组分 x 几乎没有变化。

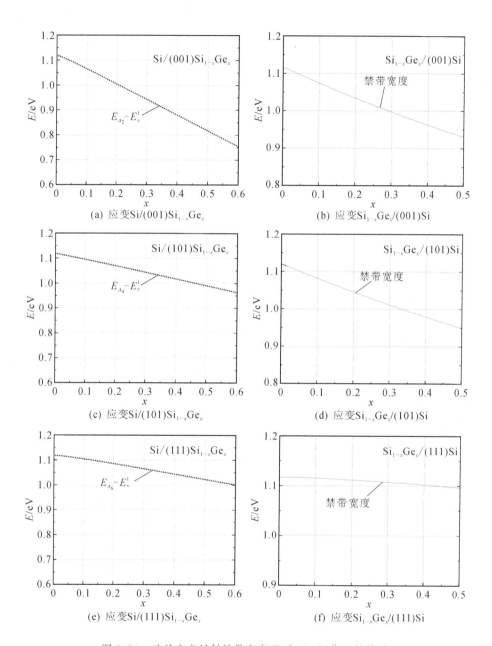

图 3.34　硅基应变材料禁带宽度 E_g 与 Ge 组分 x 的关系

值得注意的是，虽然禁带宽度 E_g 是温度 T 的函数，但在 $0\,\mathrm{K} \sim 400\,\mathrm{K}$ 温度范围内，禁带宽度 E_g 随温度 T 变化并不显著（见图 3.35），因此在建立硅基应变材料本征载流子浓度模型的过程中，本书采用不随温度 T 变化的硅基应变材料禁带宽度 E_g 模型。

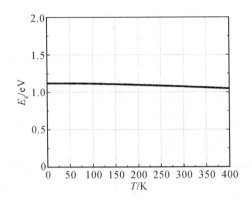

图 3.35　弛豫 Si 中 E_g 与 T 的关系

下面基于硅基应变材料导带底电子态密度有效质量和价带顶空穴态密度有效质量模型，建立硅基应变材料导带有效状态密度（N_c）和价带有效状态密度（N_v）模型。

硅基应变材料导带有效状态密度（N_c）为

$$N_c = 2 \times (2\pi m_n^* KT/h^2)^{3/2} \tag{3-9}$$

图 3.36(a)～(f)分别为 218K、300K、393K 时应变 $\mathrm{Si}/(001)\mathrm{Si}_{1-x}\mathrm{Ge}_x$、$\mathrm{Si}_{1-x}\mathrm{Ge}_x/(001)\mathrm{Si}$、$\mathrm{Si}/(101)\mathrm{Si}_{1-x}\mathrm{Ge}_x$、$\mathrm{Si}_{1-x}\mathrm{Ge}_x/(101)\mathrm{Si}$、$\mathrm{Si}/(111)\mathrm{Si}_{1-x}\mathrm{Ge}_x$、$\mathrm{Si}_{1-x}\mathrm{Ge}_x/(111)\mathrm{Si}$ 材料导带有效状态密度 N_c 与 Ge 组分 x 的函数关系图。由图可见，应变 $\mathrm{Si}/(001)\mathrm{Si}_{1-x}\mathrm{Ge}_x$、$\mathrm{Si}_{1-x}\mathrm{Ge}_x/(001)\mathrm{Si}$、$\mathrm{Si}/(101)\mathrm{Si}_{1-x}\mathrm{Ge}_x$、$\mathrm{Si}_{1-x}\mathrm{Ge}_x/(101)\mathrm{Si}$ 材料导带有效状态密度随 Ge 组分 x 的增加而减小，而当 Ge 组分 x 达到一定数值后，硅基应变材料导带有效状态密度 N_c 几乎不随 Ge 组分 x 而变化；应变 $\mathrm{Si}/(111)\mathrm{Si}_{1-x}\mathrm{Ge}_x$、$\mathrm{Si}_{1-x}\mathrm{Ge}_x/(111)\mathrm{Si}$ 材料导带有效状态密度与弛豫 Si 的相同，这是因为它们的导带底电子态密度有效质量相同；温度 T 与硅基应变材料导带有效状态密度 N_c 成正比关系，即随着温度 T 的升高，硅基应变材料导带有效状态密度 N_c 相应增加。值得一提的是，本书得到的弛豫 Si 导带有效状态密度（即当 Ge 组分 x 为 0 时）与文献报道的吻合，据此可以说明本书所建立的硅基应变材料导带有效状态密度模型的正确性。

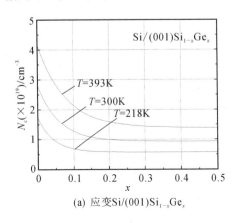

(a) 应变$\mathrm{Si}/(001)\mathrm{Si}_{1-x}\mathrm{Ge}_x$

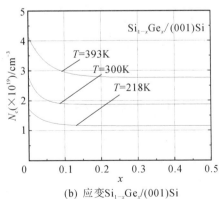

(b) 应变$\mathrm{Si}_{1-x}\mathrm{Ge}_x/(001)\mathrm{Si}$

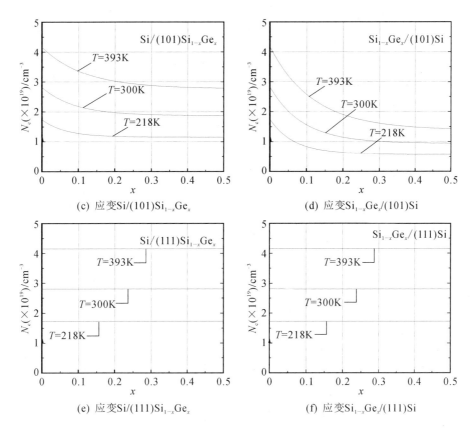

图 3.36　硅基应变材料导带有效状态密度 N_c 与 Ge 组分 x 的关系

硅基应变材料价带有效状态密度 (N_v) 为

$$N_v = 2 \times (2\pi m_p^* KT/h^2)^{3/2} \qquad (3-10)$$

图 3.37(a)～(f)分别为 218 K、300 K、393 K 时应变 $Si/(001)Si_{1-x}Ge_x$、$Si_{1-x}Ge_x/(001)Si$、$Si/(101)Si_{1-x}Ge_x$、$Si_{1-x}Ge_x/(101)Si$、$Si/(111)Si_{1-x}Ge_x$、$Si_{1-x}Ge_x/(111)Si$ 材料价带有效状态密度 N_v 与 Ge 组分 x 的函数关系图。由图可见，硅基应变材料价带有效状态密度 N_v 随 Ge 组分 x 的增加而减小；除应变 $Si/(111)Si_{1-x}Ge_x$ 材料外，当 Ge 组分 x 达到一定数值后，硅基应变材料价带有效状态密度 N_v 几乎不随 Ge 组分 x 而变化；与导带的情况不同，应变 $Si/(111)Si_{1-x}Ge_x$、$Si_{1-x}Ge_x/(111)Si$ 材料价带有效状态密度与弛豫 Si 的不再相同，这主要是因为应变 $Si/(111)Si_{1-x}Ge_x$、$Si_{1-x}Ge_x/(111)Si$ 材料价带顶简并消除，价带底电子态密度有效质量不同；温度 T 与硅基应变材料价带有效状态密度 N_v 成正比关系，即随着温度 T 的升高，硅基应变材料价带有效状态密度 N_v 相应增加。值得一提的是，本书得到的弛豫 Si 价带有效状态密度（即当 Ge 组分 x 为 0 时）与文献报道的吻合，据此可以说明本书所建立的硅基应变材料价带有效状态密度模型的正确性。

基于已建硅基应变材料导带有效状态密度 (N_c)、价带有效状态密度 (N_v) 及禁带宽度 (E_g) 模型，下面分析硅基应变材料本征载流子浓度 (n_i)。图 3.38(a)～(f)分别为室温下应变 $Si/(001)Si_{1-x}Ge_x$、$Si_{1-x}Ge_x/(001)Si$、$Si/(101)Si_{1-x}Ge_x$、$Si_{1-x}Ge_x/(101)Si$、$Si/(111)Si_{1-x}Ge_x$、$Si_{1-x}Ge_x/(111)Si$ 材料本征载流子浓度 n_i 与 Ge 组分 x 的函数关系图。

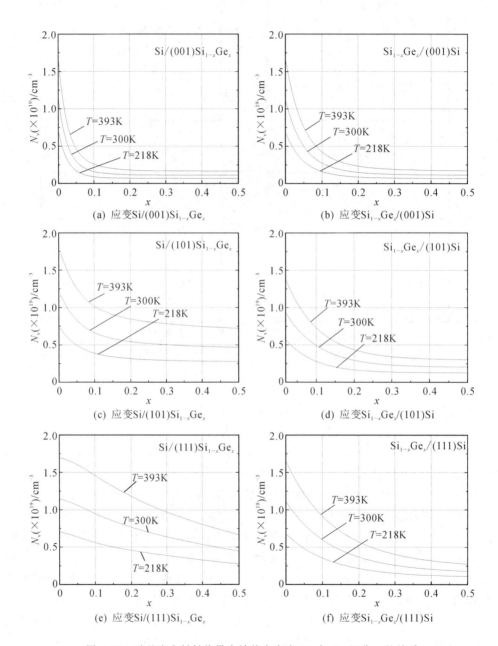

图 3.37　硅基应变材料价带有效状态密度 N_v 与 Ge 组分 x 的关系

由图 3.38(a)～(e)可见，虽然应变 $Si/(001)Si_{1-x}Ge_x$、$Si_{1-x}Ge_x/(001)Si$、$Si/(101)Si_{1-x}Ge_x$、$Si_{1-x}Ge_x/(101)Si$、$Si/(111)Si_{1-x}Ge_x$ 材料导带有效状态密度 N_c、价带有效状态密度 N_v 随 Ge 组分 x 的增加而减小，但其本征载流子浓度 n_i 却随 Ge 组分 x 的增加而增大。这主要是因为本征载流子浓度 n_i 与禁带宽度 E_g 成负指数关系，E_g 随 Ge 组分 x 的增加而减小，导致本征载流子浓度 n_i 增大一个数量级。按本征载流子浓度增加的程度排序，有 $Si/(001)Si_{1-x}Ge_x >$ $Si_{1-x}Ge_x/(001)Si > Si_{1-x}Ge_x/(101)Si > Si/(101)Si_{1-x}Ge_x > Si/(111)Si_{1-x}Ge_x$。其中，在 Ge 组分 x 较大时，应变 $Si/(001)Si_{1-x}Ge_x$ 材料本征载流子浓度 n_i 相对于弛豫 Si 材料变化了一个

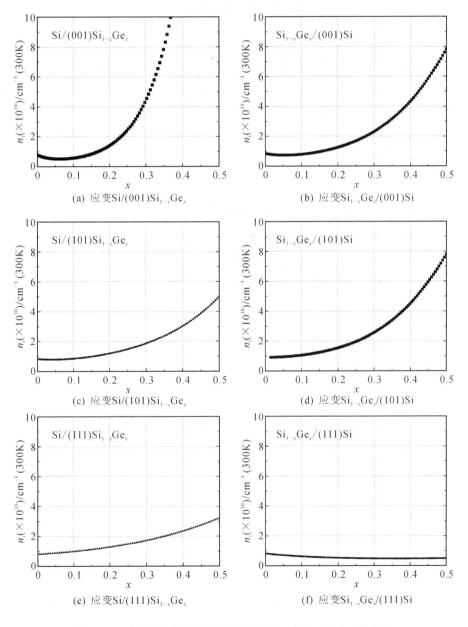

图 3.38　硅基应变材料本征载流子浓度 n_i 与 Ge 组分 x 的关系

数量级以上；应变 $Si_{1-x}Ge_x/(001)Si$ 和 $Si_{1-x}Ge_x/(101)Si$ 材料本征载流子浓度 n_i 相对于弛豫 Si 材料变化也较大，几乎达到一个数量级。

由图 3.38(f)可见，应变 $Si_{1-x}Ge_x/(111)Si$ 材料本征载流子浓度 n_i 几乎不随 Ge 组分 x 而变化，这主要是因为其禁带宽度随 Ge 组分 x 变化很小。此外，本书得到的弛豫 Si 本征载流子浓度（即当 Ge 组分 x 为 0 时）与文献报道的吻合，据此可以说明本书所建立的硅基应变材料本征载流子浓度模型的正确性。

3.6　本章小结

本章基于硅基应变材料对称性分析，确定了双轴应变导带能谷的分裂及其简并度，并通过线性形变势理论分析获得了导带能谷的能级；基于硅基应变材料价带 E-k 关系模型，获得了重空穴带、轻空穴带、旋轨劈裂带 Γ 点处能级，任意 k 矢方向的能量分布及空穴有效质量；基于能带结构模型，建立了硅基应变材料导带底和价带顶的态密度有效质量、有效状态密度及本征载流子浓度模型，为硅基应变材料载流子迁移率等的分析奠定了重要的理论基础。

习　　题

1. 试论述应变对硅基应变材料基本物理参数的影响。

2. 从有效质量角度出发，定性评估应变对 Si 载流子迁移率的影响。

3. 在应力作用下硅基应变材料本征载流子浓度会发生变化，设计应变 MOS 器件时需要考虑该指标吗？

第 4 章　基于 CASTEP 的应变 Si 能带结构分析

CASTEP(Cambridge Sequential Total Energy Package)软件包是基于密度泛函理论的从头算量子力学程序，也是目前用于分析能带结构的常用软件。本章基于应变 Si 赝晶结构参数模型，探讨利用 CASTEP 软件分析应变 Si 能带结构的方法，并利用所得结果对前述 $k \cdot p$ 理论分析结果进行比对验证。

4.1　CASTEP 软件的主要理论

CASTEP 软件使用量子力学程序(包含量子力学和分子动力学)和固体物理的 Bloch 定理来处理周期性固态晶格波函数问题，将原本无限多个单电子的周期性晶格简化为只要考虑单位晶格电子的计算。至于波函数简化，则是利用无限平面波基底来展开，其中将贡献较小的高动能项省略，只留下重要的低动能项，利用赝势来取代原子真实的库仑势，这样就不必考虑内层电子效应，只处理价电子部分即可。对于电子间的交换相关能，则利用局域密度近似和广义梯度近似方法处理，这样可以明显减少计算量，更容易模拟微观尺度，预测材料特性。

CASTEP 作为一个基于密度泛函方法的从头算量子力学程序，其特点是适合于计算周期性结构的材料，对于非周期性结构一般要将特定的部分进行周期性处理。CASTEP 计算步骤可以概括为三步：首先，建立周期性目标物质晶体；其次，对建立的晶体结构进行优化，包括体系电子能量的最小化和几何结构的稳定化；最后，计算要求的体系性质，如电子密度分布(Electron Density Distribution)、能带结构(Band Structure)、状态密度分布(Density of States)、声子能谱(Phonon Spectrum)、声子状态密度分布(DOS of Phonon)、轨道群分布(Orbital Populations)以及光学性质(Optical Properties)等。

CASTEP 计算总体上基于密度泛函理论(DFT)，实现运算的具体理论有：

(1) 采用赝势来描述电子-离子间的交互作用；

(2) 采用周期性的超晶胞结构，计算必须在一个周期系统中执行；

(3) 采用平面波基组来描述体系电子波函数；

(4) 广泛采用快速傅里叶变换(FFT)对体系哈密顿量进行数值化计算；

(5) 体系电子自洽能量最小化采用迭代计算方法；

(6) 采用交换相关泛函实现 DFT 计算，泛函涵盖了精确形式和屏蔽形式。

4.1.1　密度泛函理论(DFT)

1. Hohenberg-Kohn 理论

体系的电子行为可由薛定谔方程描述，如果只考虑体系的平衡态，则电子结构与时间

无关，由定态薛定谔方程描述，即

$$\hat{H}\varphi = E\varphi \tag{4-1}$$

式中：E 为电子能量；$\varphi(X_1, X_2, \cdots, X_N)$ 为多电子波函数（X_i 为电子 i 的空间坐标 r 和自旋坐标 s_i）；$\hat{H}$ 为哈密顿算符。在由原子组成的体系中，由于原子核比电子的质量大得多，因此在讨论电子结构时，可以认为原子核固定不动，即绝热近似。在该近似下，哈密顿算符 $\hat{H}$ 可表示为

$$\hat{H} = \sum_{i=1}^{N}\left(-\frac{1}{2}\boldsymbol{\nabla}_i^2\right) + \sum_{i=1}^{N}V(r_i) + \sum_{i<j}^{N}\frac{1}{r_{ij}} \tag{4-2}$$

式中：$V(r_i)$ 是施加在第 i 个电子上的外势场，包括由原子核产生的静电势。电荷密度定义为

$$\rho(\boldsymbol{r}) = N\int\cdots\int|\varphi(X_1, X_2, \cdots, X_N)|^2 \mathrm{d}X_1\mathrm{d}X_2\cdots\mathrm{d}X_N \tag{4-3}$$

且满足条件：

$$\int\rho(\boldsymbol{r})\mathrm{d}\boldsymbol{r} = N \tag{4-4}$$

N 为体系的总电子数。

对于两个电子以上的体系，方程（4-1）是很难严格求解的，因此从薛定谔方程更不能严格求解多电子体系的电子结构。而密度泛函理论将多电子波函数 $\varphi(X_1, X_2, \cdots, X_N)$ 和薛定谔方程用非常简单的 $\rho(\boldsymbol{r})$ 和对应的计算方案来替代，为研究多电子体系的电子结构提供了有效途径。

1964 年，Hohenberg 和 Kohn 在处理外势场中运动的相互作用多电子体系的基态时，建立了密度泛函理论的基本框架。他们将电荷密度 $\rho(\boldsymbol{r})$ 作为描述体系性质的基本变量，提出了以下两个基本定理。

第一定理：外势场是电荷密度的单值函数（可相差一个常数）。即任何一个多电子体系的基态总能量都是电荷密度 $\rho(\boldsymbol{r})$ 的唯一泛函，$\rho(\boldsymbol{r})$ 唯一确定了体系的（非简并）所有基态性质。

由于电荷密度 $\rho(\boldsymbol{r})$ 与电子数 N 有关，从而多电子薛定谔方程解的电子数 N 和外势场都由电荷密度 $\rho(\boldsymbol{r})$ 唯一确定，因此基态波函数 φ 以及它的电子结构性质都由电荷密度唯一确定。

由于 $V(\boldsymbol{r})$ 决定了体系的哈密顿量，而多电子体系的基态波函数 φ 是 $\rho(\boldsymbol{r})$ 的唯一泛函，自然动能 $\hat{T}$ 和库仑能 $\hat{U}$ 也是 $\rho(\boldsymbol{r})$ 的泛函，因此体系的所有性质也是 $\rho(\boldsymbol{r})$ 的泛函。于是定义一个普适泛函 $F[\rho]$：

$$F[\rho] = \langle\varphi|\hat{T}+\hat{U}|\varphi\rangle \tag{4-5}$$

适用于任何外势场下的具有任意电子数的体系。体系的基态能量可以表示为泛函的形式：

$$E[\rho] = T[\rho] + V_{ee}[\rho] + V_{ext}[\rho] = \int\rho(\boldsymbol{r})V(\boldsymbol{r})\mathrm{d}\boldsymbol{r} + F_{HK}[\rho] \tag{4-6}$$

其中：$T[\rho]$ 为动能项；$V_{ext}[\rho]$ 为外势场项；$F_{HK}[\rho]$ 为动能与电子相互作用能，即

$$F_{HK}[\rho] = T[\rho] + V_{ee}[\rho] \tag{4-7}$$

$V_{ee}[\rho]$ 为电子相互作用能，即

$$V_{ee}[\rho] = J[\rho] + 非典型项 \tag{4-8}$$

$$J[\rho] = \frac{1}{2} \iint \frac{1}{\boldsymbol{r}_{12}} \rho(\boldsymbol{r}_1) \rho(\boldsymbol{r}_2) \mathrm{d}\boldsymbol{r}_1 \mathrm{d}\boldsymbol{r}_2 \tag{4-9}$$

$J[\rho]$是经典电子排斥能，非典型项是交换关联能的主要来源。

第二定理：对任何一个多电子体系，总能的电荷密度泛函的最小值为基态能量，对应的电荷密度为该体系的基态电荷密度，即

$$E_0 \leqslant E[\tilde{\rho}] \tag{4-10}$$

这里 $E[\tilde{\rho}]$是式$(4-7)$的泛函。此方程表明式$(4-7)$所定义的能量对密度函数 $\tilde{\rho}(\boldsymbol{r})$的变化在正确的基态时总能量最小。

在电子数恒定的约束条件下，按照 Hohenberg-Kohn 第二定理，基态能量满足如下条件：

$$\delta\left\{ E[\rho] - \mu\left[\int \rho(\boldsymbol{r})\mathrm{d}\boldsymbol{r} - N\right]\right\} = 0 \tag{4-11}$$

即

$$\mu = \frac{\delta E[\rho]}{\delta\rho[\boldsymbol{r}]} = V_{ext} + \frac{\delta\{T[\rho] + V_{ee}[\rho]\}}{\delta\rho[\boldsymbol{r}]} \tag{4-12}$$

因而只要知道 $T[\rho]$和 $V_{ee}[\rho]$的泛函形式，就可以通过式$(4-12)$求解体系的电子结构。

2. 局域密度近似(LDA)

密度泛函理论最普遍的应用是通过 Kohn-Sham 方法实现的，这一方法将复杂的多体问题简化为一个没有相互作用的电子在有效势场中运动的问题。最简单的近似求解方法为局域密度近似(Local Density Approximation，LDA)。LDA 近似使用均匀电子气来计算体系的交换关联能，其中包含了所有粒子之间的相互作用。交换关联能是 $\boldsymbol{r}$ 处电子与 $\boldsymbol{r}+\boldsymbol{u}$ 处电子的交换关联空穴密度 $\rho(\boldsymbol{r}, \boldsymbol{r}+\boldsymbol{u}) = \rho_{\mathrm{X}} + \rho_{\mathrm{C}}$ 的相互作用：

$$E_{\mathrm{XC}}[\rho_\uparrow, \rho_\downarrow] = \frac{1}{2}\int \mathrm{d}\boldsymbol{r}\rho(\boldsymbol{r})\int \mathrm{d}\boldsymbol{u}\rho_{\mathrm{XC}}(\boldsymbol{r}, \boldsymbol{r}+\boldsymbol{u})/\boldsymbol{u} \tag{4-13}$$

其中，$\rho_\uparrow$ 表示高密度，$\rho_\downarrow$ 表示低密度。局域密度近似下，交换关联空穴密度为

$$\rho_{\mathrm{XC}}(\boldsymbol{r}, \boldsymbol{r}+\boldsymbol{u}) = \rho_{\mathrm{XC}}(\rho_\uparrow(\boldsymbol{r}), \rho_\downarrow(\boldsymbol{r})) \tag{4-14}$$

式中，ρ_{XC} 是在自旋密度为 $\rho_\uparrow$、$\rho_\downarrow$ 的均匀电子气中的空穴密度，它存在精确的解析模型。局域密度近似的交换关联能为

$$E_{\mathrm{XC}}[\rho(\boldsymbol{r})] = \int \mathrm{d}\boldsymbol{r}\rho(\boldsymbol{r})\varepsilon_{\mathrm{XC}}(\rho_\uparrow(\boldsymbol{r}), \rho_\downarrow(\boldsymbol{r})) \tag{4-15}$$

$\varepsilon_{\mathrm{XC}}(\boldsymbol{r})$是密度 $\rho(\boldsymbol{r}) = \rho_\uparrow + \rho_\downarrow$ 的均匀电子气的交换关联能密度，它是参数化的公式，有非常精确的数值参数。Kohn-Sham 形式的 $\varepsilon_{\mathrm{XC}}(\boldsymbol{r})$ 为

$$\varepsilon_{\mathrm{XC}}(\boldsymbol{r}) = -3\alpha\left[\frac{3\rho(\boldsymbol{r})}{8\pi}\right]^{1/3} \quad (2/3 \leqslant \alpha \leqslant 1) \tag{4-16}$$

常用的 Kohn-Sham 交换关联势形式为

$$V_{\mathrm{XC}} = \frac{4}{3}\varepsilon_{\mathrm{XC}}(\boldsymbol{r}) \tag{4-17}$$

3. 广义梯度近似(GGA)

虽然局域密度近似在 DFT 中得到了广泛应用，并且在大多数情况下给出了较好的结

果,但在某些方面还存在不足。严格地说,局域密度近似只适用于电子密度足够缓慢变化或者高电子密度的情况,对于电子密度相对空间变化较大的电子气体系,LDA 就会出现较大的计算误差。鉴于此,人们对局域密度近似进行了改进——用梯度展开非局域的 E_{XC},即广义梯度近似(Generalized Gradient Approximation,GGA)。

在广义梯度近似中,交换关联能泛函写成电荷密度及其梯度的函数:

$$E_{XC}[\rho] = \int \rho(\boldsymbol{r})\varepsilon_{XC}(\rho(\boldsymbol{r}))d\boldsymbol{r} + E_{XC}^{GGA}(\rho(\boldsymbol{r}), |\boldsymbol{\nabla}\rho(\boldsymbol{r})|) \tag{4-18}$$

到目前为止,人们已经讨论出 GGA 的多种形式,其中 Becke 交换泛函和 Perdew-Wang 关联泛函的联合(BP)以及 Perdew-Wang 交换关联(PW86)及其新形势(PW91)最为常见。

在 CASTEP 里预设的是 GGA,在很多情况下它被认为是比较好的方法。LDA 会低估分子的键长以及晶体的晶格参数,而 GGA 通常会补救这一点。但也有许多证据显示 GGA 会在离子晶体过度修正 LDA 结果,当 LDA 与实验符合得非常好的时候,GGA 会高估晶格长度。

4.1.2　赝势

电子-离子间的交互作用可以用赝势(Pseudopotential)来描述。赝势是指在对能带结构进行数值计算时所引入的一个虚拟的势。引入赝势,有助于实现一个复杂的体系的近似计算。CASTEP 中有两种赝势,一种是规范-守恒赝势,另一种是超软赝势。

1. 规范-守恒赝势

规范-守恒赝势是一种非常有名且经过验证的好方法。此方法认为,只有在定义的核心区域的截止半径以上区域,赝波函数才满足全电子波函数,并且要求改造后的波函数在截止半径 R_c 之内的总电荷量要等于未改造前 R_c 之内的总电荷量(这个前提条件称为规范-守恒条件),这样赝势的精确度能够大幅提升。在截止半径之内,赝波函数没有节点,且需要与满足规范-守恒条件的全电子波函数连接在一起,也就是说它们应该带有相同的电荷。在高能量下,这些势可以产生很高的精准度。

为了找出产生这种赝势的方法,首先要找出一个原子轨域的全电子(All Electron,AE)计算。在这个计算方法里,通常要事先指定一个原子的电子组态(一旦一个好的赝势被产生出来后,正确预测出材料特性的能力与这个选定的组态是不会有太大关系的)。除了选定出的电子组态外,要产生赝势还必须人为指定一个重要的参数——赝化半径或赝核半径,常简称为 R_c(见图 4.1)。在 R_c 之外,赝势必须与原子核的库仑赝势一样。通常在已经无内层电子效应的径向距离上选择 R_c,这样选择可使赝势更加精确。

以下是产生第一原理赝势的做法。如图 4.1 所示,实线分别是真实赝势 Z/R 与全电子价电子波函数 φ,取距原子中心 R_c 处为划分点,R_c 以上波函数完全保留,而 R_c 以内则对波函数加以改造,即把振荡剧烈的波函数改造成一个变化缓慢的波函数,并且要求该波函数无节点,如虚线 φ_{ps} 所示。变化缓慢的波函数仅用相对很少的平面波就可展开,并且由于改造后的波函数无节点,因此不存在比它本征值更低的正交量子态,求解内层电子的需要就自动消失了。由于这种"假的赝势"能够在本征值相同的情况下给出价电子近似解 φ_{ps},因此我们把它叫做赝势 V_{ps}。规范-守恒赝势能够在实空间或倒空间的波函数中使用,并且采用实空间的方法可以得到比较好的可测性结果。

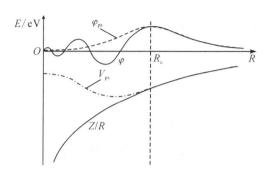

图 4.1　赝势产生示意图

2. 超软赝势

超软赝势是由 Vanderbilt 提出的,其特点是让波函数变得更加平滑,也就是所需的平面波基底函数变得更少。超软赝势的波函数不再遵守规范-守恒条件,它依赖于附加电荷来满足所谓的广义规范-守恒条件。超软赝势主要是把砍掉的较局域化的电子云重新填补回去,并且仍保持着不错的散射性质(变化率一致)。此外,为了维持原赝势核心内的价电子数而采用的附加电荷,会导致重叠算符出现在求期望值的公式上,这使得 Kohn-Sham 方法最后变成一个广义本征值问题,而不是一般的本征值问题,不过在数值算法的运作上并没有太大的差异。

为了重建整个总的电子密度,波函数平方所得到的电荷密度必须在核心范围内再加以附加密度。因此,这个电子云密度被分成两个部分,第一部分是延伸在整个单位晶胞的平滑部分,第二部分是局域化在核心区域的自旋部分。

超软赝势保证了在预先选择的能量范围内有良好的散射性质,从而使赝势更加精确。目前,超软赝势只在倒空间中使用。

4.1.3　分子轨道的自洽求解

通过不同的 $\rho(r)$ 可求出对应的 $E_{xc}[\rho(r)]$,因此在多电子体系中,通过给定体系的初始电荷密度 $\rho_0(r)$ 可算出各项的位势,从而求得 $V_{eff}[\rho]$,再将其代入 Kohn-Sham 方程式求得各个能级及对应的波函数,最后计算出新的电荷密度 $\rho(r)$,如果新的电荷密度与初始电荷密度不同,则经混合过程再产生一个新的电荷密度,重复此运算过程,直到差异小于设定的条件为止,此即分子轨道的自洽求解(SCF)计算。详细过程如下:

(1) 给定初始电荷密度 $\rho_0(r)$。

(2) 利用电荷密度计算出 $V_{eff}[\rho]$。

(3) 对布里渊区上各个 k 点进行 Kohn-Sham 方程式求解,得出对应能级 E 与波函数 φ。

(4) 求费米能级 E_F。

(5) 从波函数求各 k 点的加权参数 ω,得到电荷密度:$\rho(r) = \sum \omega |\varphi|^2$。

(6) 判断 $\rho_0(r)$ 与 $\rho(r)$ 是否满足设定的收敛条件。若收敛,则得出基态电荷密度;若不收敛，则利用自洽算法产生一个新的电荷密度，多次重复运算，直到 $\rho_0(r)$ 与 $\rho(r)$ 的值满足收敛条件为止。

4.1.4 CASTEP 软件的几项关键技术

CASTEP 软件的关键技术包括超晶胞方法、自洽电子弛豫方法、平面波基组展开和快速傅里叶变换等。

1. 超晶胞方法

CASTEP 软件采用超晶胞模型，计算必须在一个周期系统中执行，即使周期是虚构的。周期系统包括表面的周期系统，表面被认为是有限长度的层。例如，研究表面的分子吸附时要假设它们在一个"盒子"里面成为周期系统，层与层之间用足够厚度的真空层隔离以忽略盒子间原子的相互作用。超晶胞没有外形的限制，假如一个晶体具有高点群的对称性，则它可以用来加速计算。

2. 自洽电子弛豫方法

CASTEP 提供了多种电子结构松弛方法，其中基于密度混合方法最为有效。该方法在固定位势之下将电子本征值的总和极小化，而不是将总能作自洽式的极小化。在步骤的最后，新的电荷密度会与初始电荷密度混合以重复迭代直到收敛为止。密度混合形式有线性混合、Pulay 混合、Broyden 混合等，其中 Pulay 混合最为有效。

3. 平面波基组展开

Bloch 定理表明每个 k 点的电子波函数可以用离散的平面波基组展开。原则上讲，这样的扩展需要无限多个平面波，CASTEP 通过设置截断能来控制平面波的数目，这样可以保证计算的精确性，也避免了平面波选取的无限性。

4. 快速傅里叶变换(FFT)

利用快速傅里叶变换，计算动能时，需把波函数 φ 转换到倒空间；计算位能时，需把波函数 φ 转换到实空间。如此，进行快速傅里叶变换，转换后的矩阵乘向量比直接矩阵乘向量的计算量会大大减少。

4.2 基于 CASTEP 的应变 Si 能带结构分析

4.2.1 能带分析选项卡的设定

CASTEP 中能带分析任务选项卡的设定步骤如下：

1. 新建工程

打开 CASTEP 软件，通过 New Project 新建工程(见图 4.2)。

2. 输入晶体结构

打开 Import Document 界面，选择 Si 的晶体结构(见图 4.3)。

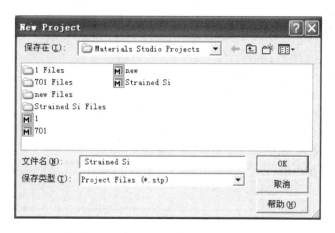

图 4.2　新建工程

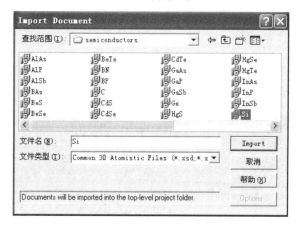

图 4.3　输入晶体结构

3. 建立超晶胞

通过 Supercell 界面建立超晶胞，改变 A、B、C 的值，点击"Greate Supercell"，建立 3D 周期性超晶胞结构（见图 4.4）。)

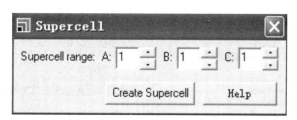

图 4.4　建立超晶胞

4. 设置晶格常数

在 Lattice Parameters 界面中，通过改变 a、b、c、α、β、γ 的值来设置应变 Si 赝晶的晶格常数，构建最小的周期单元（见图 4.5）。

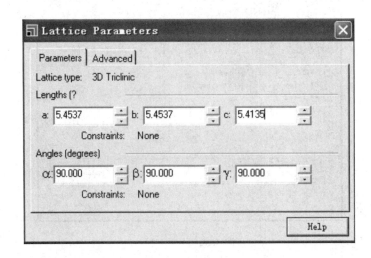

图 4.5　输入晶格常数

5. 进行能带计算

在 CASTEP Calculation 和 CASTEP Band Structure Options 界面中,通过设置相关选项来控制 CASTEP 能带计算(见图 4.6)。

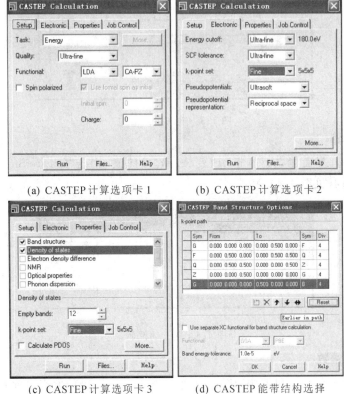

(a) CASTEP计算选项卡 1　　　　(b) CASTEP计算选项卡 2

(c) CASTEP计算选项卡 3　　　　(d) CASTEP能带结构选择

图 4.6　能带计算选项卡

6. 运行

各选项卡设定好后，点击"Run"命令，CASTEP 开始对应变 Si 模型进行计算（见图 4.7）。

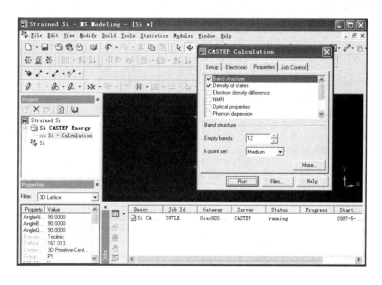

图 4.7　运行 CASTEP

4.2.2　能带分析结果

在 CASTEP 计算完成后，运行命令 Modules → CASTEP → Analyse 即可看到完整的应变 Si 能带图和对应的态密度图。其中，图 4.8 为弛豫 Si 能带结构和态密度图，图 4.9～图 4.12 为应变 $Si/(001)Si_{1-x}Ge_x$（x 取 0.1～0.4）能带结构和态密度图，图 4.13～图 4.16 为应变 $Si/(101)Si_{1-x}Ge_x$（x 取 0.1～0.4）能带结构和态密度图，图 4.17～图 4.20 为应变 $Si/(111)Si_{1-x}Ge_x$（x 取 0.1～0.4）能带结构和态密度图。

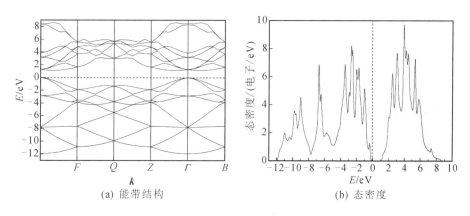

(a) 能带结构　　　　　　　　　(b) 态密度

图 4.8　弛豫 Si 能带结构和态密度

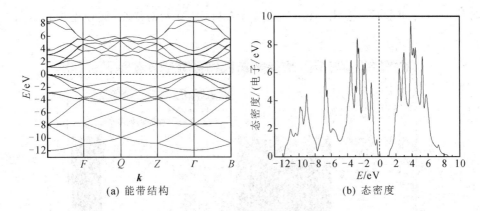

(a) 能带结构　　　　　　　　　　(b) 态密度

图 4.9　应变 Si/(001) $Si_{0.9}Ge_{0.1}$ 能带结构和态密度

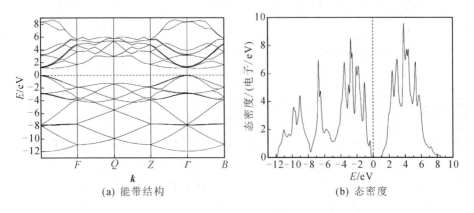

(a) 能带结构　　　　　　　　　　(b) 态密度

图 4.10　应变 Si/(001) $Si_{0.8}Ge_{0.2}$ 能带结构和态密度

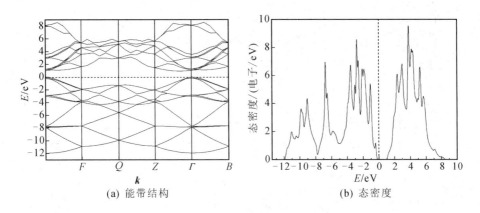

(a) 能带结构　　　　　　　　　　(b) 态密度

图 4.11　应变 Si/(001) $Si_{0.7}Ge_{0.3}$ 能带结构和态密度

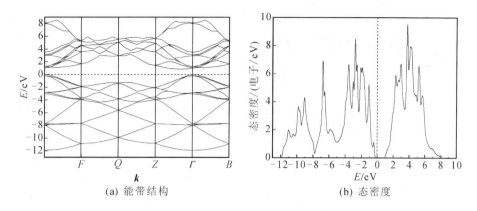

(a) 能带结构　　　　　　　　　　(b) 态密度

图 4.12　应变 Si/(001) $Si_{0.6}Ge_{0.4}$ 能带结构和态密度

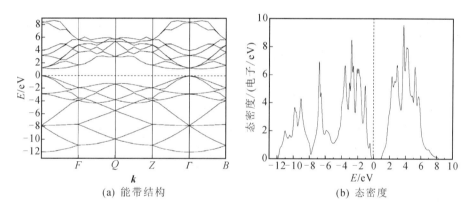

(a) 能带结构　　　　　　　　　　(b) 态密度

图 4.13　应变 Si/(101) $Si_{0.9}Ge_{0.1}$ 能带结构和态密度

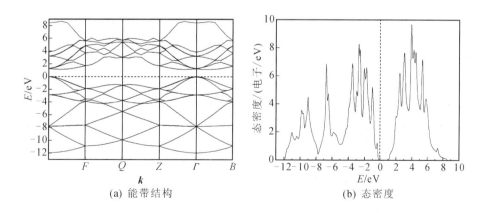

(a) 能带结构　　　　　　　　　　(b) 态密度

图 4.14　应变 Si/(101) $Si_{0.8}Ge_{0.2}$ 能带结构和态密度

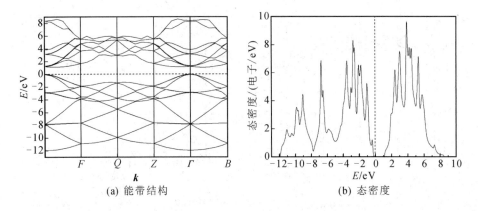

图 4.15　应变 Si/(101) Si$_{0.7}$Ge$_{0.3}$ 能带结构和态密度

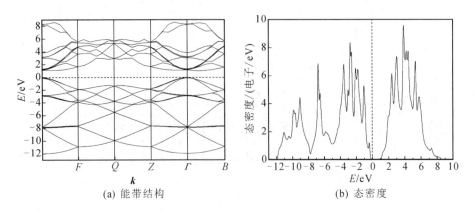

图 4.16　应变 Si/(101) Si$_{0.6}$Ge$_{0.4}$ 能带结构和态密度

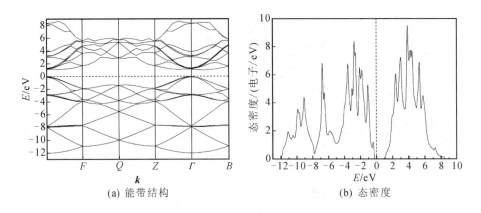

图 4.17　应变 Si/(111) Si$_{0.9}$Ge$_{0.1}$ 能带结构和态密度

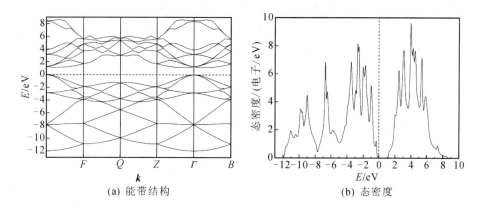

(a) 能带结构　　　　　　　(b) 态密度

图 4.18　应变 Si/(111) Si$_{0.8}$Ge$_{0.2}$能带结构和态密度

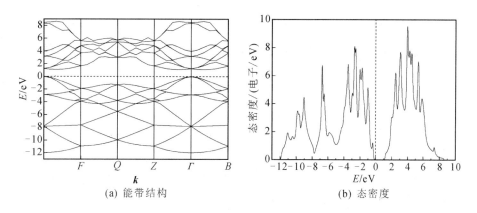

(a) 能带结构　　　　　　　(b) 态密度

图 4.19　应变 Si/(111) Si$_{0.7}$Ge$_{0.3}$能带结构和态密度

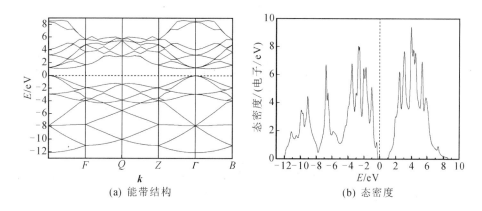

(a) 能带结构　　　　　　　(b) 态密度

图 4.20　应变 Si/(111) Si$_{0.6}$Ge$_{0.4}$能带结构和态密度

需要特别说明的是，应变 Si 赝晶结构比弛豫 Si 晶体结构的对称性低，其第一布里渊区不再是截角十二面体结构，应变 Si 与弛豫 Si 中的高对称点（$\Gamma(0，0，0)$、$Z(0，0，1)$、$B(1，0，0)$、$F(0，1，0)$、Q）不同。本书在用 CASTEP 软件计算应变 Si 能带结构时，仍选取弛豫 Si 立方体结构高对称点为边界点（见图 4.21），以达到与弛豫 Si 相比较的目的。

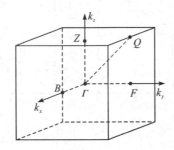

图 4.21　立方布里渊区及高对称点

4.3　结果分析与讨论

利用 CASTEP 能带计算结果与第 3 章理论结果分析对比，需要把应变 Si 导带底和价带顶能带结构从完整的能带结构图中提取出来。

4.3.1　(001)应变 Si 带边分析

图 4.22（a）～（e）分别是弛豫 Si、应变 Si/(001)$Si_{0.9}Ge_{0.1}$、Si/(001)$Si_{0.8}Ge_{0.2}$、Si/(001)$Si_{0.7}Ge_{0.3}$、Si/(001)$Si_{0.6}Ge_{0.4}$ 的带边结构图，由图可以直观地反映出(001)四方畸变对 Si 材料能带结构的影响。图 4.23、图 4.24 分别是应变 Si/(001)$Si_{1-x}Ge_x$ 导带、价带劈裂能与 Ge 组分 x 的拟合结果。图 4.25 为应变 Si/(001)$Si_{1-x}Ge_x$ 禁带宽度与 Ge 组分 x 的拟合结果。图 4.26、图 4.27 分别是应变 Si/(001)$Si_{1-x}Ge_x$ 导带、价带带边形状比较图。

由图 4.22 可见，(001)面外延生长产生的晶格四角畸变降低了 Si 的对称性，导带的六个等价能谷发生了分裂。$[\pm100]$和$[\pm010]$（对应 Γ 与 B、Γ 与 F 连线方向）四个能谷（Δ_4）能级高于$[\pm001]$（对应 Γ 与 Z 连线方向）能谷（Δ_2）能级，导带带边由六个能谷（Δ_6）变成了两个能谷（Δ_2），这与 3.1.1 节(001) 硅基应变材料导带能谷简并度的分析结果一致。此外，应变 Si/(001)$Si_{1-x}Ge_x$ 能谷能级与弛豫 Si Δ_6 能谷能级不同，这与 2.5 节给出的应变引起了硅基应变材料导带能谷能级移动的结论一致。应变 Si/(001)$Si_{1-x}Ge_x$ Δ_2 能谷和 Δ_4 能谷之间的能量差（即导带劈裂能）与 Ge 组分 x 的拟合结果（见图 4.23）与 3.2.1 节中 $k \cdot p$ 理论分析结果基本一致。

图 4.22 中应变 Si/(001)$Si_{1-x}Ge_x$ 价带顶简并消除，带边发生劈裂的物理现象与 $k \cdot p$ 理论研究的应变 Si/(001)$Si_{1-x}Ge_x$ 价带结构模型一致。图 4.24 中应变 Si/(001)$Si_{1-x}Ge_x$ 价带带边和亚带边之间的价带劈裂能与 Ge 组分 x 的拟合结果和 $k \cdot p$ 理论分析结果在趋势上一致，但存在一定偏差。CASTEP 软件能带结构计算无法考虑自旋轨道耦合效应，价带结构还不够精细是引起偏差的主要原因。图 4.25 中用 CASTEP 软件计算 Si/(001)$Si_{1-x}Ge_x$ 禁带宽度与 Ge 组分 x 的拟合结果和 $k \cdot p$ 理论分析结果基本一致。

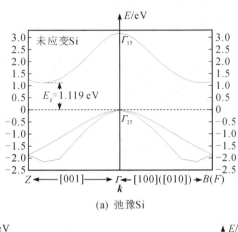

(a) 弛豫Si

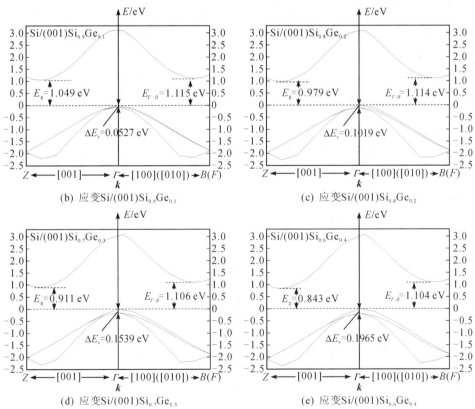

(b) 应变Si/(001)Si$_{0.9}$Ge$_{0.1}$　　　　　　(c) 应变Si/(001)Si$_{0.8}$Ge$_{0.2}$

(d) 应变Si/(001)Si$_{0.7}$Ge$_{0.3}$　　　　　　(e) 应变Si/(001)Si$_{0.6}$Ge$_{0.4}$

图 4.22　(001)应变 Si 的带边结构

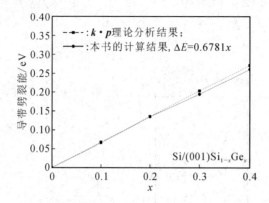

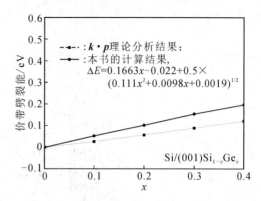

图 4.23　应变 Si/(001) Si$_{1-x}$Ge$_x$ 导带劈裂能　　　　图 4.24　应变 Si/(001) Si$_{1-x}$Ge$_x$ 价带劈裂能
　　　　与 Ge 组分 x 的拟合结果　　　　　　　　　　　与 Ge 组分 x 的拟合结果

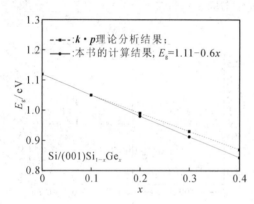

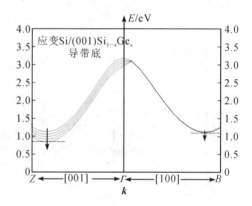

图 4.25　应变 Si/(001) Si$_{1-x}$Ge$_x$ 禁带宽度　　　　图 4.26　应变 Si/(001) Si$_{1-x}$Ge$_x$ 导带
　　　　与 Ge 组分 x 的拟合结果　　　　　　　　　　　带边形状比较图

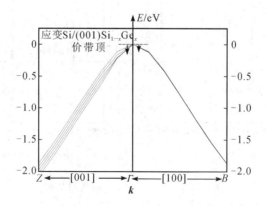

图 4.27　应变 Si/(001) Si$_{1-x}$Ge$_x$ 价带带边形状比较图

下面讨论用 CASTEP 软件分析的应变 $Si/(001)Si_{1-x}Ge_x$ 电子和空穴有效质量的变化情况。由于带边极值附近能带图形状可以由有效质量来表征，因此通过不同 Ge 组分 x 下带边极值附近能带图形状的比对，可以定性得出有效质量随 Ge 组分 x 的变化趋势。

由图 4.26 可见，不同 Ge 组分浓度下，应变 $Si/(001)Si_{1-x}Ge_x$ 导带带边极值附近能带图形状几乎是一样的，因此可以认为应变几乎没有改变应变 $Si/(001)Si_{1-x}Ge_x$ 电子有效质量。图 4.27 表明，不同 Ge 组分浓度下，应变 $Si/(001)Si_{1-x}Ge_x$ 沿 [001] 和 [100] 方向的空穴有效质量发生了变化，且变化率不同。这与 $k \cdot p$ 理论研究应变 $Si/(001)Si_{1-x}Ge_x$ 空穴有效质量各向异性的结论一致。

4.3.2　(101) 应变 Si 带边分析

(101) 与 (001) 应变 Si 能带结构情况类似，图 4.28(a)～(e) 分别是弛豫 Si、应变 $Si/(101)Si_{0.9}Ge_{0.1}$、$Si/(101)Si_{0.8}Ge_{0.2}$、$Si/(101)Si_{0.7}Ge_{0.3}$、$Si/(101)Si_{0.6}Ge_{0.4}$ 的带边结构图，由图可以直观地反映出 (101) 生长畸变对 Si 材料能带结构的影响。图 4.29、图 4.30 分别是应变 $Si/(101)Si_{1-x}Ge_x$ 导带、价带劈裂能与 Ge 组分 x 的拟合结果。图 4.31 为应变 $Si/(101)Si_{1-x}Ge_x$ 禁带宽度与 Ge 组分 x 的拟合结果。图 4.32、图 4.33 分别是应变 $Si/(101)Si_{1-x}Ge_x$ 导带、价带带边形状比较图。

由图 4.28 可见，(101) 面外延生长产生的晶格畸变降低了 Si 的对称性，导带的六个等价能谷发生了分裂。[±100] 和 [±001]（对应 Γ 与 B、Γ 与 Z 连线方向）四个能谷 (Δ_4) 能级高于 [±010]（对应 Γ 与 F 连线方向）能谷 (Δ_2) 能级，导带带边由六个能谷 (Δ_6) 变成了四个能谷 (Δ_4)，这与 3.1.1 节 (101) 硅基应变材料导带能谷简并度的分析结果一致。此外，应变 $Si/(101)Si_{1-x}Ge_x$ 能谷能级与弛豫 Si Δ_6 能谷能级不同，这与 2.5 节给出的应变引起了硅基应变材料导带能谷能级移动的结论一致。应变 $Si/(101)Si_{1-x}Ge_x$ Δ_2 能谷和 Δ_4 能谷之间的能量差（即导带劈裂能）与 Ge 组分 x 的拟合结果（见图 4.29）与 3.2.1 节中 $k \cdot p$ 理论分析结果基本一致（量化数值存在偏差）。

图 4.28 中，应变 $Si/(101)Si_{1-x}Ge_x$ 价带顶简并消除，带边发生劈裂的物理现象与 $k \cdot p$ 理论研究的应变 $Si/(101)Si_{1-x}Ge_x$ 价带结构模型一致。图 4.30 中应变 $Si/(101)Si_{1-x}Ge_x$ 价带带边和亚带边之间的价带劈裂能与 Ge 组分 x 的拟合结果和 $k \cdot p$ 理论分析结果在趋势上一致，但存在一定偏差。CASTEP 软件能带结构计算无法考虑自旋轨道耦合效应，价带结构还不够精细是引起偏差的主要原因。图 4.31 中用 CASTEP 软件计算 $Si/(101)Si_{1-x}Ge_x$ 禁带宽度与 Ge 组分 x 的拟合结果和 $k \cdot p$ 理论分析结果基本一致。

仍采用前述方法来分析 (101) 面应变情况下的电子和空穴有效质量。由图 4.32 可见，和 (001) 面的情况一致，不同 Ge 组分下，$Si/(101)Si_{1-x}Ge_x$ 导带带边极值附近能带图形状几乎是一样的，因此可以认为应变几乎没有改变电子有效质量。图 4.33 表明，不同 Ge 组分下，应变 $Si/(101)Si_{1-x}Ge_x$ 沿 [100] 和 [010] 方向的空穴有效质量都略有减小，这与 3.3 节采用 $k \cdot p$ 理论研究的结论一致。

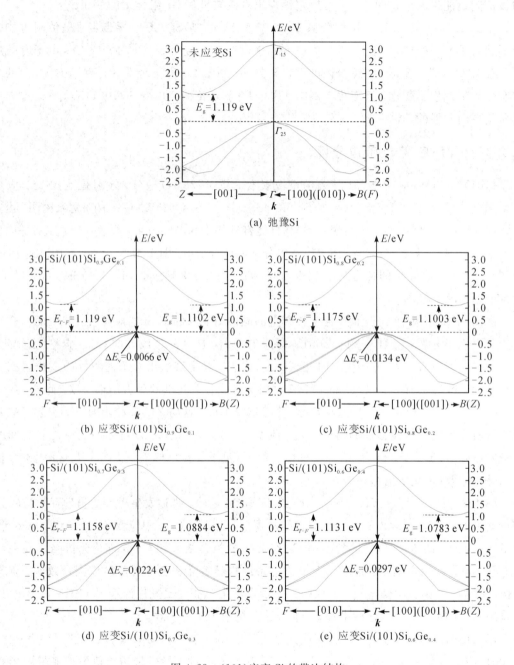

图 4.28　(101)应变 Si 的带边结构

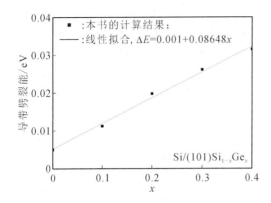

图 4.29   应变 Si/(101) Si$_{1-x}$Ge$_x$ 导带劈裂能
与 Ge 组分 x 的拟合结果

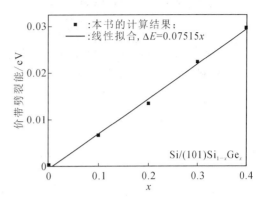

图 4.30   应变 Si/(101) Si$_{1-x}$Ge$_x$ 价带劈裂能
与 Ge 组分 x 的拟合结果

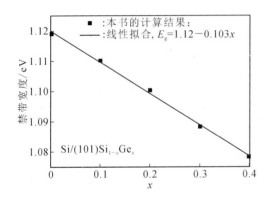

图 4.31   应变 Si/(101) Si$_{1-x}$Ge$_x$ 禁带宽度
与 Ge 组分 x 的拟合结果

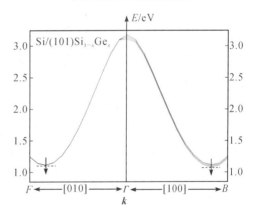

图 4.32   应变 Si/(101) Si$_{1-x}$Ge$_x$ 导带带边
形状比较图

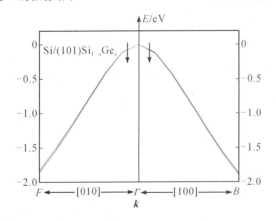

图 4.33   应变 Si/(101) Si$_{1-x}$Ge$_x$ 价带带边形状比较图

4.3.3　(111)应变 Si 带边分析

图 4.34(a)~(e)分别是弛豫 Si、应变 Si/(111)Si$_{0.9}$Ge$_{0.1}$、Si/(111)Si$_{0.8}$Ge$_{0.2}$、Si/(111)Si$_{0.7}$Ge$_{0.3}$、Si/(111)Si$_{0.6}$Ge$_{0.4}$ 的带边结构图,由图可以直观地反映出(111)生长畸变对 Si 材料能带结构的影响。图 4.35、图 4.36 分别是应变 Si/(111)Si$_{1-x}$Ge$_x$ 价带劈裂能、禁带宽度与 Ge 组分 x 的拟合结果。图 4.37、图 4.38 分别是应变 Si/(111)Si$_{1-x}$Ge$_x$ 导带、价带带边形状比较图。

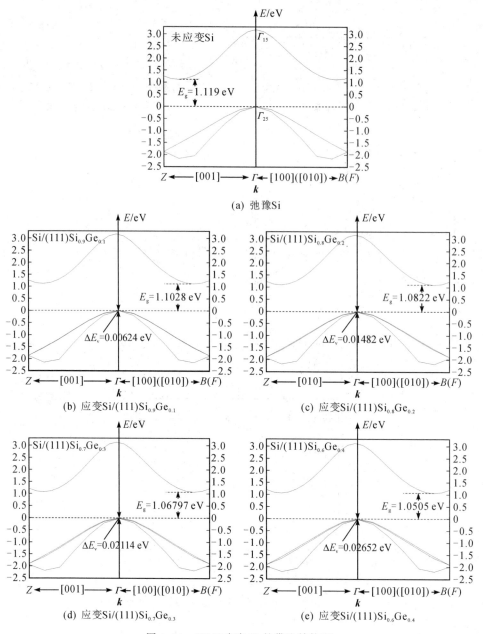

(a) 弛豫Si

(b) 应变Si/(111)Si$_{0.9}$Ge$_{0.1}$

(c) 应变Si/(111)Si$_{0.8}$Ge$_{0.2}$

(d) 应变Si/(111)Si$_{0.7}$Ge$_{0.3}$

(e) 应变Si/(111)Si$_{0.6}$Ge$_{0.4}$

图 4.34　(111)应变 Si 的带边结构图

由图 4.34 可见，(111)面外延生长应变 Si 导带的六个等价能谷未发生分裂，这与 3.1.1节(111)硅基应变材料导带能谷简并度的分析结果一致。此外，应变 Si/(111)Si$_{1-x}$Ge$_x$ 能谷能级与弛豫 Si Δ_6 能谷能级不同，这与 2.5 节给出的应变引起了硅基应变材料导带能谷能级移动的结论一致。

图 4.34 中应变 Si/(111)Si$_{1-x}$Ge$_x$ 价带顶简并消除，带边发生劈裂的物理现象与 $\boldsymbol{k} \cdot \boldsymbol{p}$ 理论研究的应变 Si/(111)Si$_{1-x}$Ge$_x$ 价带结构模型一致。图 4.35 中应变 Si/(111)Si$_{1-x}$Ge$_x$ 价带带边和亚带边之间的价带劈裂能与 Ge 组分 x 的拟合结果和 $\boldsymbol{k} \cdot \boldsymbol{p}$ 理论分析结果在趋势上一致，但存在一定偏差。CASTEP 软件能带结构计算无法考虑自旋轨道耦合效应，价带结构还不够精细是引起偏差的主要原因。图 4.36 中用 CASTEP 软件计算 Si/(111)Si$_{1-x}$Ge$_x$ 禁带宽度与 Ge 组分 x 的拟合结果和 $\boldsymbol{k} \cdot \boldsymbol{p}$ 理论分析结果基本一致。

由图 4.37 和图 4.38 可见，应变 Si/(111)Si$_{1-x}$Ge$_x$ 的电子有效质量在(111)应变作用下没有改变，而沿〈100〉晶向族的空穴有效质量有很小的变化，这与 3.3 节采用 $\boldsymbol{k} \cdot \boldsymbol{p}$ 理论研究的结论一致。

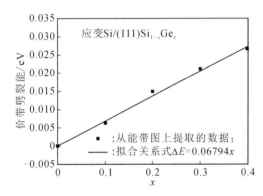

图 4.35　应变 Si/(111) Si$_{1-x}$Ge$_x$ 价带劈裂能
与 Ge 组分 x 的拟合结果

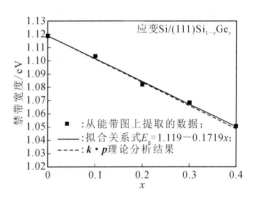

图 4.36　应变 Si/(111) Si$_{1-x}$Ge$_x$ 禁带宽度
与 Ge 组分 x 的拟合结果

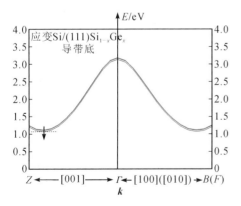

图 4.37　应变 Si/(111) Si$_{1-x}$Ge$_x$ 导带
带边形状比较图

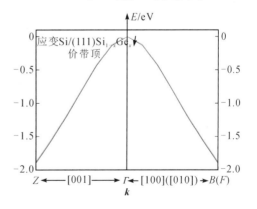

图 4.38　应变 Si/(111) Si$_{1-x}$Ge$_x$ 价带
带边形状比较图

4.4　本章小结

CASTEP 软件是基于密度泛函理论的从头算量子力学程序，也是目前研究能带结构的常用软件。本章基于 2.2 节所建立的应变 Si 赝晶结构模型，探讨了利用 CASTEP 软件分析应变 Si 能带结构的方法，获得了(001)、(101)、(111)应变 Si 能带结构及其态密度分布，在提取导带、价带结构基础上，利用所得结果与第 3 章理论分析结果进行了对比，为硅基应变材料能带结构的研究分析提供了辅助手段。本书作者认为 CASTEP 软件应用简便，可以作为分析应变材料的工具，其结果具有一定的指导意义。

习　　题

1. 简述基于 CASTEP 软件的应变材料能带结构求解思路。
2. 讨论 CASTEP 软件与 $k \cdot p$ 微扰法计算应变 Si 能带结构的区别。
3. 利用 CASTEP 软件，试计算应变 Ge 半导体能带结构。

第 5 章　Ge 组分(x)与应力转化模型

　　合理的应力引入是获得高载流子迁移率应变材料，增强 MOS、CMOS 器件性能的关键技术。弛豫 $Si_{1-x}Ge_x$ 上外延生长应变 Si 和弛豫 Si 上外延生长应变 $Si_{1-x}Ge_x$ 是目前实现硅基双轴应变的常规方法。对于单轴应变，通常采用工艺方法直接引入应力。如果能够直接采用应力来表征硅基应变材料能带结构等物理特性以及材料、器件性能，将能拓宽本书所建模型的应用范围。本章重点讨论 Ge 组分(x)与应力转化模型，据此将本书所建立的硅基应变材料与 Ge 组分(x)相关的能带结构等物理参数模型转化为用应力表征的模型，并以(101)硅基双轴应变材料为例进行转化分析。

5.1　转化原理及模型

　　固体材料受外力作用时的应变和应力满足胡克定律，应用广义胡克定律将与 Ge 组分有关的应变张量通过弹性劲度系数获得应力张量，进而实现 Ge 组分(x)与应力强度的转化。由于弹性劲度系数为 4 阶张量，含 81 个分量，模型复杂，且应用困难，因此本节基于晶体结构对称性将弹性劲度系数转化为 3 个独立分量，建立 Ge 组分(x)与应力转化模型。

　　当对晶体施加的力小于一个极限值时，晶体发生弹性形变(即外力撤去后，晶体能够恢复到起始状态)，这个极限值称为弹性极限。在弹性极限内，由胡克定律知，固体材料受外力作用时的应变和应力成线性关系。

　　胡克定律的一种表示形式为

$$S = s \times T \tag{5-1}$$

式中：S 为应变；T 为应力；s 为比例系数，称为弹性顺服系数，简称顺服系数，其数值表示固体材料在一定应力 T 作用下，单位应力所产生的应变值，其值越大，表示该材料越容易被拉伸，s 的单位为 m^2/N。

　　胡克定律的另一种表示形式为

$$T = c \times S \tag{5-2}$$

式中：c 为比例系数，称为弹性劲度系数，简称劲度系数。显然，c 与式(5-1)中的 s 互为倒数。

　　晶体物理性质呈各向异性，应力和应变都为二阶对称张量。在弹性极限内小应变条件下，均匀应变和均匀应力的线性关系为

$$S_{ij} = s_{ijkl} T_{kl} \tag{5-3}$$

式(5-3)也可表述为

$$T_{ij} = c_{ijkl} S_{kl} \tag{5-4}$$

式中，c_{ijkl} 是晶体劲度系数，有 81 个分量。为了统一文中符号，以下分析中用 ε_{kl} 代替 S_{kl}，

则式(5 - 4)变为

$$T_{ij} = c_{ijkl}\varepsilon_{kl} \tag{5-5}$$

式中，ε_{kl} 表示应变大小，则坐标轴 x、y 和 z 的长度变化分别为 ε_{xx}、ε_{yy}、ε_{zz}，另外六个系数分别为 ε_{yx}、ε_{yz}、ε_{xy}、ε_{xz}、ε_{zy}、ε_{zx}。为了线性表示时对应方便，对下标做如下变换：

$$\begin{cases} xx \equiv 11, \ xy \equiv 12, \ xz \equiv 13 \\ yx \equiv 21, \ yy \equiv 22, \ yz \equiv 23 \\ zx \equiv 31, \ zy \equiv 32, \ zx \equiv 33 \end{cases} \tag{5-6}$$

则应力 $\boldsymbol{T}$、应变 $\boldsymbol{\varepsilon}$ 和劲度系数 c 分别为

$$\boldsymbol{T} = (T_{ij}) = \begin{bmatrix} T_{11} & T_{12} & T_{13} \\ T_{21} & T_{22} & T_{23} \\ T_{31} & T_{32} & T_{33} \end{bmatrix} \tag{5-7(a)}$$

$$\boldsymbol{\varepsilon} = (\varepsilon_{ij}) = \begin{bmatrix} \varepsilon_{11} & \varepsilon_{12} & \varepsilon_{13} \\ \varepsilon_{21} & \varepsilon_{22} & \varepsilon_{23} \\ \varepsilon_{31} & \varepsilon_{32} & \varepsilon_{33} \end{bmatrix} \tag{5-7(b)}$$

$$\boldsymbol{c} = (c_{ijkl}) = \begin{bmatrix} c_{1111} & c_{1112} & c_{1113} & c_{1121} & c_{1122} & c_{1123} & c_{1131} & c_{1132} & c_{1133} \\ c_{1211} & c_{1212} & c_{1213} & c_{1221} & c_{1222} & c_{1223} & c_{1231} & c_{1232} & c_{1233} \\ c_{1311} & c_{1312} & c_{1313} & c_{1321} & c_{1322} & c_{1323} & c_{1331} & c_{1332} & c_{1333} \\ c_{2111} & c_{2112} & c_{2113} & c_{2121} & c_{2122} & c_{2123} & c_{2131} & c_{2132} & c_{2133} \\ c_{2211} & c_{2212} & c_{2213} & c_{2221} & c_{2222} & c_{2223} & c_{2231} & c_{2232} & c_{2233} \\ c_{2311} & c_{2312} & c_{2313} & c_{2321} & c_{2322} & c_{2323} & c_{2331} & c_{2332} & c_{2333} \\ c_{3111} & c_{3112} & c_{3113} & c_{3121} & c_{3122} & c_{3123} & c_{3131} & c_{3132} & c_{3133} \\ c_{3211} & c_{3212} & c_{3213} & c_{3221} & c_{3222} & c_{3223} & c_{3231} & c_{3232} & c_{3233} \\ c_{3311} & c_{3312} & c_{3313} & c_{3321} & c_{3322} & c_{3323} & c_{3331} & c_{3332} & c_{3333} \end{bmatrix} \tag{5-7(c)}$$

应力 $\boldsymbol{T}$ 和应变 $\boldsymbol{\varepsilon}$ 的线性关系如下：

$$\begin{cases} T_{11} = c_{1111}\varepsilon_{11} + c_{1112}\varepsilon_{12} + c_{1113}\varepsilon_{13} + c_{1121}\varepsilon_{21} + c_{1122}\varepsilon_{22} + c_{1123}\varepsilon_{23} + c_{1131}\varepsilon_{31} + c_{1132}\varepsilon_{32} + c_{1133}\varepsilon_{33} \\ T_{12} = c_{1211}\varepsilon_{11} + c_{1212}\varepsilon_{12} + c_{1213}\varepsilon_{13} + c_{1221}\varepsilon_{21} + c_{1222}\varepsilon_{22} + c_{1223}\varepsilon_{23} + c_{1231}\varepsilon_{31} + c_{1232}\varepsilon_{32} + c_{1233}\varepsilon_{33} \\ T_{13} = c_{1311}\varepsilon_{11} + c_{1312}\varepsilon_{12} + c_{1313}\varepsilon_{13} + c_{1321}\varepsilon_{21} + c_{1322}\varepsilon_{22} + c_{1323}\varepsilon_{23} + c_{1331}\varepsilon_{31} + c_{1332}\varepsilon_{32} + c_{1333}\varepsilon_{33} \\ T_{21} = c_{2111}\varepsilon_{11} + c_{2112}\varepsilon_{12} + c_{2113}\varepsilon_{13} + c_{2121}\varepsilon_{21} + c_{2122}\varepsilon_{22} + c_{2123}\varepsilon_{23} + c_{2131}\varepsilon_{31} + c_{2132}\varepsilon_{32} + c_{2133}\varepsilon_{33} \\ T_{22} = c_{2211}\varepsilon_{11} + c_{2212}\varepsilon_{12} + c_{2213}\varepsilon_{13} + c_{2221}\varepsilon_{21} + c_{2222}\varepsilon_{22} + c_{2223}\varepsilon_{23} + c_{2231}\varepsilon_{31} + c_{2232}\varepsilon_{32} + c_{2233}\varepsilon_{33} \\ T_{23} = c_{2311}\varepsilon_{11} + c_{2312}\varepsilon_{12} + c_{2313}\varepsilon_{13} + c_{2321}\varepsilon_{21} + c_{2322}\varepsilon_{22} + c_{2323}\varepsilon_{23} + c_{2331}\varepsilon_{31} + c_{2332}\varepsilon_{32} + c_{2333}\varepsilon_{33} \\ T_{31} = c_{3111}\varepsilon_{11} + c_{3112}\varepsilon_{12} + c_{3113}\varepsilon_{13} + c_{3121}\varepsilon_{21} + c_{3122}\varepsilon_{22} + c_{3123}\varepsilon_{23} + c_{3131}\varepsilon_{31} + c_{3132}\varepsilon_{32} + c_{3133}\varepsilon_{33} \\ T_{32} = c_{3211}\varepsilon_{11} + c_{3212}\varepsilon_{12} + c_{3213}\varepsilon_{13} + c_{3221}\varepsilon_{21} + c_{3222}\varepsilon_{22} + c_{3223}\varepsilon_{23} + c_{3231}\varepsilon_{31} + c_{3232}\varepsilon_{32} + c_{3233}\varepsilon_{33} \\ T_{33} = c_{3311}\varepsilon_{11} + c_{3312}\varepsilon_{12} + c_{3313}\varepsilon_{13} + c_{3321}\varepsilon_{21} + c_{3322}\varepsilon_{22} + c_{3123}\varepsilon_{23} + c_{3331}\varepsilon_{31} + c_{3332}\varepsilon_{32} + c_{3333}\varepsilon_{33} \end{cases}$$

$$\tag{5-8}$$

　　上面表达式复杂，不利于应用，因此有必要对其进行化简。

　　为方便讨论，将应力二阶张量 T_{ij} 中的 9 个分量分别表示为 X_x、X_y、X_z、Y_x、Y_y、Y_z、Z_x、Z_y、Z_z。其中，大写字母表示力的方向，下标表示力所作用的平面法向。例如，X_x 是沿

x 方向作用于一个平面法向为 x 方向的单位面积上的力，而 X_y 是沿 x 方向作用于一个平面法向为 y 方向的单位面积上的力，如图 5.1 所示。

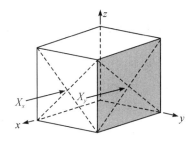

图 5.1　应力分量 X_x 与 X_y

当晶体处于静态平衡时(见图 5.2)，有 $T_{ij} = T_{ji}$，具体可表示为

$$\begin{cases} X_y = Y_x \\ Z_x = X_z \\ Y_z = Z_y \end{cases} \qquad (5-9)$$

相应地，晶体劲度系数 c_{ijkl} 后两个下标具有置换对称性，即

$$c_{ijkl} = c_{ijlk} \qquad (5-10)$$

此外，由于 $S_{kl} = S_{lk}$，式(5-3)右边也具有相应对称性，即

$$s_{ijkl} = s_{jikl} \qquad (5-11)$$

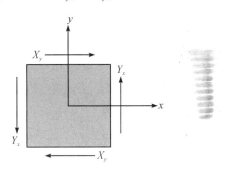

图 5.2　静态平衡时合力为零

对于 c_{ijkl}，同样有如上的对称性，即

$$c_{ijkl} = c_{jikl} \qquad (5-12)$$

综上可知，应力和应变独立分量数目由 9 个减为 6 个，弹性劲度系数 c_{ijkl}、s_{ijkl} 独立分量数目由 81 个减为 36 个。这样，劲弹性度系数可用简化下标表示，即用两个下标代替四个下标。双下标 ij 和 kl 分别用单下标 α 和 β 表示，对应方法如下：

$$\begin{cases} 11 \equiv 1,\ 22 \equiv 2,\ 33 \equiv 3 \\ 23 = 32 \equiv 4,\ 31 = 13 \equiv 5,\ 12 = 21 \equiv 6 \end{cases} \qquad (5-13)$$

具体为

$$s_{\alpha\beta} = \begin{cases} s_{ijkl} & (\text{当 } \alpha \text{ 和 } \beta \text{ 都等于 } 1,\ 2,\ 3 \text{ 时}) \\ 2s_{ijkl} & (\text{当 } \alpha \text{ 或 } \beta \text{ 等于 } 4,\ 5,\ 6 \text{ 时}) \\ 4s_{ijkl} & (\text{当 } \alpha \text{ 和 } \beta \text{ 都等于 } 4,\ 5,\ 6 \text{ 时}) \end{cases} \qquad (5-14)$$

和

$$C_{\alpha\beta} = c_{ijkl} \qquad (\alpha, \beta = 1, 2, 3, 4, 5, 6) \tag{5-15}$$

例如：对 T_{11} 来说，有

$$T_{11} = X_x = c_{1111}\varepsilon_{11} + c_{1122}\varepsilon_{22} + c_{1133}\varepsilon_{33} + 2c_{1123}\varepsilon_{23} + 2c_{1131}\varepsilon_{31} + 2c_{1112}\varepsilon_{12}$$

$$\tag{5-16(a)}$$

利用式(5-15)以及胡克定律关系式(5-5)可以得到

$$\begin{cases} X_x = C_{11}\varepsilon_{11} + C_{12}\varepsilon_{22} + C_{13}\varepsilon_{33} + C_{14}\varepsilon_{23} + C_{15}\varepsilon_{31} + C_{16}\varepsilon_{12} \\ Y_y = C_{21}\varepsilon_{11} + C_{22}\varepsilon_{22} + C_{23}\varepsilon_{33} + C_{24}\varepsilon_{23} + C_{25}\varepsilon_{31} + C_{26}\varepsilon_{12} \\ Z_z = C_{31}\varepsilon_{11} + C_{32}\varepsilon_{22} + C_{33}\varepsilon_{33} + C_{34}\varepsilon_{23} + C_{35}\varepsilon_{31} + C_{36}\varepsilon_{12} \\ Y_z = C_{41}\varepsilon_{11} + C_{42}\varepsilon_{22} + C_{43}\varepsilon_{33} + C_{44}\varepsilon_{23} + C_{45}\varepsilon_{31} + C_{46}\varepsilon_{12} \\ Z_x = C_{51}\varepsilon_{11} + C_{52}\varepsilon_{22} + C_{53}\varepsilon_{33} + C_{54}\varepsilon_{23} + C_{55}\varepsilon_{31} + C_{56}\varepsilon_{12} \\ X_y = C_{61}\varepsilon_{11} + C_{62}\varepsilon_{22} + C_{63}\varepsilon_{33} + C_{64}\varepsilon_{23} + C_{65}\varepsilon_{31} + C_{66}\varepsilon_{12} \end{cases} \tag{5-16(b)}$$

根据晶体自由能与应力的功的关系，在胡克定律成立的条件下，弹性能密度 U 是应变的二次函数。比较拉长弹簧的能量表达式，可以得到

$$U = \frac{1}{2} \sum_{\lambda=1}^{6} \sum_{\mu=1}^{6} C_{\lambda\mu} \varepsilon_\lambda \varepsilon_\mu \tag{5-17}$$

式中，求和指标 1~6 分别定义为

$$\begin{cases} 1 \equiv 11 \\ 2 \equiv 22 \\ 3 \equiv 33 \\ 4 \equiv 23 \\ 5 \equiv 31 \\ 6 \equiv 12 \end{cases} \tag{5-18}$$

应力分量由 U 对相应应变求导给出：

$$X_x = \frac{\partial U}{\partial \varepsilon_{11}} \equiv \frac{\partial U}{\partial \varepsilon_1} = C_{11}\varepsilon_1 + \frac{1}{2} \sum_{\beta=2}^{6} (C_{1\beta} + C_{\beta 1})\varepsilon_\beta \tag{5-19}$$

根据式(5-18)，有

$$C_{\alpha\beta} = \frac{1}{2}(C_{\alpha\beta} + C_{\beta\alpha}) = C_{\beta\alpha} \tag{5-20}$$

这样，弹性劲度系数 c_{ijkl} 具有下标 α 和 β 的轮换对称性，6×6 矩阵中独立分量的数目进一步减少到 21 个。

硅基材料为立方晶格结构，考虑某些对称"元素"，弹性劲度系数可进一步减少到 3 个独立分量。为此，假设立方晶体的弹性能密度为

$$U = \frac{1}{2}C_{11}(\varepsilon_{11}^2 + \varepsilon_{22}^2 + \varepsilon_{33}^2) + \frac{1}{2}C_{44}(\varepsilon_{23}^2 + \varepsilon_{31}^2 + \varepsilon_{12}^2) + C_{12}(\varepsilon_{22}\varepsilon_{33} + \varepsilon_{33}\varepsilon_{11} + \varepsilon_{11}\varepsilon_{22})$$

$$\tag{5-21}$$

不存在其他二次项。因为立方结构存在 4 个三重转动轴，在坐标轴的转动操作中，式(5-21)中各项保持不变，而其他未表示出的二次项将改变符号，因此只需证明式(5-21)中的数值因子正确即可。下面的分析将证明这一点。

由式$(5-19)$得到

$$\frac{\partial U}{\partial \varepsilon_{11}} = X_x = C_{11}\varepsilon_{11} + C_{12}(\varepsilon_{22} + \varepsilon_{33}) \tag{5-22}$$

联立式$(5-16(b))$，可得

$$\begin{cases} C_{12} = C_{13} \\ C_{14} = C_{15} = C_{16} = 0 \end{cases} \tag{5-23}$$

由式$(5-21)$得到

$$\frac{\partial U}{\partial \varepsilon_{22}} = Y_y = C_{11}\varepsilon_{22} + C_{12}(\varepsilon_{33} + \varepsilon_{11}) \tag{5-24}$$

联立式$(5-16(b))$，可得

$$\begin{cases} C_{22} = C_{11} \\ C_{23} = C_{12} \\ C_{24} = C_{25} = C_{26} = 0 \end{cases} \tag{5-25}$$

同理，由式$(5-21)$得到其余四个力的表达式，并联立式$(5-16(b))$，可得

$$\begin{cases} C_{33} = C_{11} \\ C_{12} = C_{32} \\ C_{34} = C_{35} = 0 \\ C_{45} = 0 \\ C_{55} = C_{44} \\ C_{54} = 0 \\ C_{61} = C_{62} = C_{63} = C_{64} = C_{65} = 0 \\ C_{66} = C_{44} \end{cases} \tag{5-26}$$

基于以上分析，硅基材料弹性劲度常量有如下矩阵形式：

$$\begin{array}{c c c c c c c} & \varepsilon_{11} & \varepsilon_{22} & \varepsilon_{33} & \varepsilon_{23} & \varepsilon_{31} & \varepsilon_{12} \\ X_x & C_{11} & C_{12} & C_{12} & 0 & 0 & 0 \\ Y_y & C_{12} & C_{11} & C_{12} & 0 & 0 & 0 \\ Z_z & C_{12} & C_{12} & C_{11} & 0 & 0 & 0 \\ Y_z & 0 & 0 & 0 & C_{44} & 0 & 0 \\ Z_x & 0 & 0 & 0 & 0 & C_{44} & 0 \\ X_y & 0 & 0 & 0 & 0 & 0 & C_{44} \end{array} \tag{5-27}$$

具体为

$$\begin{cases} X_x = T_{11} = C_{11}\varepsilon_{11} + C_{12}(\varepsilon_{22} + \varepsilon_{33}) \\ Y_y = T_{22} = C_{11}\varepsilon_{22} + C_{12}(\varepsilon_{11} + \varepsilon_{33}) \\ Z_z = T_{33} = C_{11}\varepsilon_{33} + C_{12}(\varepsilon_{11} + \varepsilon_{22}) \\ X_y = T_{12} = C_{44}\varepsilon_{12} \\ Y_z = T_{23} = C_{44}\varepsilon_{23} \\ X_z = Z_x = T_{13} = T_{31} = C_{44}\varepsilon_{31} \end{cases} \tag{5-28}$$

式$(5-28)$就是式$(5-8)$化简后的结果，即硅基应变材料双轴应力(T)与 Ge 组分(x)转

化模型。利用该模型即可将本书所建立的硅基应变材料与 Ge 组分 x 相关的能带结构等物理参数模型转化为用应力直接表征的模型。

5.2　(101)面双轴应力与 Ge 组分的关系

本节以(101)硅基双轴应变价带劈裂能、带边空穴有效质量为例进行 Ge 组分与应力的转化。

前面已得到(101)硅基应变材料 6 个应变分量与 Ge 组分 x 的关系：

$$\begin{cases} \varepsilon_{11} = \varepsilon_{33} = 0.0102313x \\ \varepsilon_{22} = 0.0418x \\ \varepsilon_{12} = 0.03157x \\ \varepsilon_{23} = \varepsilon_{31} = 0 \end{cases} \qquad (5-29)$$

由此可以得到各应力分量与 Ge 组分 x 的关系。值得注意的是，所得各应力分量需要变换到 (x', y', z') 坐标系中，才是实际引入的双轴应力。如图 5.3 所示，新坐标系下 x' 和 y' 方向便是双轴应力方向。

经过变换系数矩阵 $\boldsymbol{U}$，新坐标系下的应力分量 x' 和 y' 可以通过下式获得：

$$\boldsymbol{T'} = \boldsymbol{UT} \qquad (5-30)$$

即

$$X'_x = Y'_y = \frac{\sqrt{2}}{2}(X_x + Z_x) \qquad (5-31)$$

式中

$$\boldsymbol{U} = \begin{bmatrix} \dfrac{\sqrt{2}}{2} & 0 & \dfrac{\sqrt{2}}{2} \\ 0 & 1 & 0 \\ -\dfrac{\sqrt{2}}{2} & 0 & \dfrac{\sqrt{2}}{2} \end{bmatrix} \qquad (5-32)$$

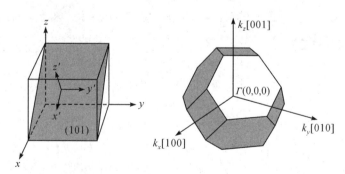

图 5.3　坐标转换示意图

首先分析双轴张应力的情况(即 Si 生长在弛豫 $Si_{1-x}Ge_x$ 上)。在分析过程中，选择 Si 的应变劲度常量。由式(5-28)、式(5-29)得

$$X_z = Z_x = C_{44}\varepsilon_{31} = 0 \qquad (5-33)$$

$$X_x = C_{11}\varepsilon_{11} + C_{12}(\varepsilon_{22} + \varepsilon_{33}) = 0.0502x\ (10^{11}\ \mathrm{N/m^2})$$
$$= 5.02x\ (\mathrm{GPa}) \tag{5-34}$$

再由式(5-31)得(101)面双轴张应力为

$$X'_x = Y'_y = \frac{\sqrt{2}}{2}(X_x + Z_x) = 3.55x\ (\mathrm{GPa}) \tag{5-35}$$

则

$$x = 0.28X'_x \tag{5-36}$$

式中：x 是相关模型中的 Ge 组分；X'_x 是施加给硅基材料的张应力。这样，只要将式(5-36)代入硅基应变材料相关物理参数模型，即可用张应力直接表征。

　　其次分析双轴压应力的情况（即 $Si_{1-x}Ge_x$ 生长在弛豫 Si 上）。在分析过程中，选用 $Si_{1-x}Ge_x$ 的弹性劲度常量，其值通过线性插值获得，即

$$C_{Si_{1-x}Ge_x} = (1-x)C_{Si} + xC_{Ge} \tag{5-37}$$

则有

$$\begin{cases} C_{11} = 1.66 - 0.375x \\ C_{12} = 0.639 - 0.156x \\ C_{44} = 0.796 - 0.116x \end{cases} \tag{5-38}$$

同理可得

$$\begin{cases} X_z = Z_x = C_{44}\varepsilon_{31} = 0 \\ X_x = C_{11}\varepsilon_{11} + C_{12}(\varepsilon_{22} + \varepsilon_{33}) = 0.0502357x - 0.0119543x^2\ (10^{11}\mathrm{N/m^2}) \\ X'_x = Y'_y = \frac{\sqrt{2}}{2}(X_x + Z_x) = 0.035522x - 0.008453x^2\ (10^{11}\mathrm{N/m^2}) \\ \quad = 3.5522x - 0.8453x^2\ (\mathrm{GPa}) \end{cases} \tag{5-39}$$

则

$$x = \sqrt{3.1545 - 0.8453X'_x} - 1.776 \tag{5-40}$$

式中：x 是相关模型中的 Ge 组分；X'_x 是施加给硅基材料的压应力。这样，只要将式(5-40)代入硅基应变材料相关物理参数模型，即可用压应力直接表征。

5.3　结果分析与讨论

　　将式(5-36)、式(5-40)所示双轴应力与 Ge 组分(x)的关系代入式(2-31)，并利用式(2-146)可得(101)硅基双轴应变材料带边（"重空穴带"）和亚带边（"轻空穴带"）之间劈裂能与应力(T)的关系，如图 5.4 所示。

　　同理，将式(5-36)、式(5-40)代入式(2-31)，利用式(2-146)，并联立式(3-1)可得硅基应变材料带边等能图与应力的关系。图 5.5、图 5.6 分别为 40 meV 应变 $Si/(101)Si_{1-x}Ge_x$、$Si_{1-x}Ge_x/(101)Si$ 带边等能图与应力的关系，由图可以明显地反映出带边等能图随应力的变化情况。

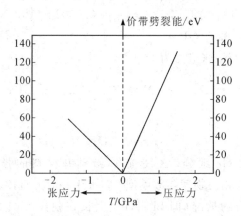

图 5.4　硅基双轴应变材料价带劈裂能与应力的关系

未应变Si　　张应变0.35 GPa　张应变0.7 GPa　张应变1.06 GPa　张应变1.42 GPa

图 5.5　40 meV 应变 $Si/(101)Si_{1-x}Ge_x$ 带边等能面与应力的关系

未应变Si　　压应变0.34 GPa　　压应变0.67 GPa　　压应变0.98 GPa　　压应变1.28 GPa

图 5.6　40 meV 应变 $Si_{1-x}Ge_x/(101)Si$ 带边等能面与应力的关系

5.4　本章小结

　　为了能够直接利用应力研究硅基双轴应变材料能带结构等基本物理特性，拓宽模型的应用范围，本章基于广义胡克定律，建立了 Ge 组分与应力转化模型，并以(101)硅基双轴应变材料为例进行转化，分析了(101)硅基双轴应变材料价带劈裂能、带边空穴有效质量与应力的关系，实现了用应力直接表征硅基应变材料能带结构等物理参数模型。

习　　题

1. 简述 Ge 组分(x)与应力转化模型的建立过程。
2. 试计算(111)面双轴应力与 Ge 组分转化模型。
3. 以应力为自变量，评价应变对 Si 半导体基本物理参数的影响。

第 6 章　硅基应变材料载流子散射机制与迁移率

硅基应变材料载流子散射机制是提高载流子迁移率的关键之一。目前，国内外针对硅基应变材料反型层载流子迁移率的研究已有文献报道（其求解过程包含载流子散射概率部分），但载流子散射概率在该类文献中所占比重很小，相应的论述缺乏深入性和系统性。另一方面，该类文献采用蒙特卡洛模拟方法求取载流子迁移率，因而无法给出载流子散射概率的量化模型，制约了硅基应变材料载流子散射概率对其迁移率影响的深入研究。

载流子迁移率是半导体材料重要的物理参数，平均动量弛豫时间是获得载流子迁移率的一个关键因素。获得平均动量弛豫时间$\langle \tau \rangle$的思路如下：

（1）利用量子力学含时微扰理论，从薛定谔方程出发，获得费米黄金法则。

（2）基于费米黄金法则，考虑各种散射势能，获得描述载流子由一个状态跃迁到另一个状态的跃迁概率模型。

（3）基于跃迁概率模型，利用玻尔兹曼方程碰撞项近似关系，获得载流子散射概率（即倒数动量弛豫时间 $1/\tau$）模型。

（4）采用统计物理和数学分析的方法，进一步获得平均动量弛豫时间。载流子散射概率求解流程图如图 6.1 所示。

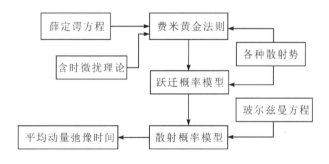

图 6.1　载流子散射概率求解流程图

6.1　费米黄金法则

费米黄金法则是散射的量子力学理论基础，该法则给出了两个特征态之间的跃迁概率，可以通过与时间相关的一阶微扰理论得到。下面从薛定谔方程出发来推导该法则。

$$i\hbar \frac{\partial \Psi(\boldsymbol{r}, t)}{\partial t} = (\hat{H}_0 + \hat{H}') \Psi(\boldsymbol{r}, t) \qquad (6-1)$$

已知 $\hat{H}_0$ 的本征函数为 φ_k，则有

$$\hat{H}_0 \varphi_k = E_k \varphi_k \qquad (6-2)$$

将 Ψ 按 $\hat{H}_0$ 的与时间相关的波函数 $\Phi_k = \varphi_k e^{-\frac{i}{\hbar}E_k t}$ 展开：

$$\Psi = \sum_k a_k(t)\Phi_k \tag{6-3}$$

代入式(6-1)，得

$$i\hbar\sum_k \Phi_k \frac{da_k(t)}{dt} + i\hbar\sum_k a_k(t)\frac{\partial \Phi_k}{\partial t} = \sum_k a_k(t)\hat{H}_0\Phi_k + \sum_k a_k(t)\hat{H}'\Phi_k \tag{6-4}$$

利用 $i\hbar\frac{\partial \Phi_k}{\partial t} = \hat{H}_0\Phi_k$，消去式(6-4)左边第二项和右边第一项，式(6-4)简化为

$$i\hbar\sum_k \Phi_k \frac{da_k(t)}{dt} = \sum_k a_k(t)\hat{H}'\Phi_k \tag{6-5}$$

以 $\Phi_{k'}^*$ 左乘式(6-5)，然后对 r 积分(积分区间 Ω 为晶体体积)，得

$$i\hbar\sum_k \frac{da_k(t)}{dt}\int_\Omega \Phi_{k'}^*\Phi_k dr = \sum_k a_k(t)\int_\Omega \Phi_{k'}^*\hat{H}'\Phi_k dr \tag{6-6}$$

将 $\int \Phi_{k'}^*\Phi_k dr = \delta_{k'k}$ 代入，有

$$i\hbar\frac{da_{k'}(t)}{dt} = \sum_k a_k(t)\hat{H}'_{k'k}e^{i\omega_{k'k}t} \tag{6-7}$$

其中：

$$\hat{H}'_{k'k} = \int_\Omega \Phi_{k'}^*\hat{H}'\Phi_k dr \tag{6-8}$$

是状态 k' 和 k 之间微扰势的矩阵元；

$$\omega_{k'k} = \frac{1}{\hbar}(E_{k'} - E_k) \tag{6-9}$$

是体系从 E_k 能级跃迁到 $E_{k'}$ 能级的玻尔频率。

式(6-7)是式(6-1)通过式(6-3)改写的结果，因而式(6-7)就是薛定谔方程的另一种表示形式。现在求式(6-7)的解。

设微扰在 $t=0$ 时开始引入，这时，电子处于 $\hat{H}_0$ 的第 k 个本征态 Φ_k，则由式(6-3)，有

$$\Psi(0) = \sum_k a_k(0)\Phi_k \tag{6-10}$$

即

$$a_k(0) = \delta_{kk'} \tag{6-11}$$

由于式(6-7)的右边已含有一级微量 $\hat{H}'_{k'k}$，因此在只考虑一级近似而略去二级或更高级近似的情况下，把式(6-11)的 $a_k(0)$ 作为 $a_k(t)$ 代入式(6-7)右边，这样便得到

$$i\hbar\frac{da_{k'}(t)}{dt} = \hat{H}'_{k'k}e^{i\omega_{k'k}t} \tag{6-12}$$

由此得出式(6-7)的一级近似解为

$$a_{k'}(t) = \frac{1}{i\hbar}\int_0^t \hat{H}'_{k'k}e^{i\omega_{k'k}t'} dt' \tag{6-13}$$

根据式(6-3)，在 t 时刻发现电子处于 $\Phi_{k'}$ 态的概率是 $|a_{k'}(t)|^2$，所以电子在微扰作用下由初态 Φ_k 跃迁到终态 $\Phi_{k'}$ 的概率为

$$P_{k \to k'} = \left| a_{k'}(t) \right|^2 \tag{6-14}$$

式(6-13)对于与时间相关的微扰 H' 同样适用。下面讨论 H' 随时间简谐变化的情况（晶格散射就是这种情况。另外，当 t 取 0 时，是离化杂质散射的情况）。因为微扰 H' 是一个实函数，故假设微扰为

$$\hat{H}'(t) = \hat{F}\cos\omega t = \hat{F}(e^{i\omega t} + e^{-i\omega t}) \tag{6-15}$$

从 $t=0$ 开始作用于电子(体系)。式(6-15)中，$\hat{F}$ 是与时间无关的微扰算符。在 $\hat{H}_0$ 的第 k 个本征态 Φ_k 和第 k' 个本征态 $\Phi_{k'}$ 之间的微扰矩阵元为

$$H'_{k'k} = \int_\Omega \Phi_{k'}^* \hat{H}'(t)\Phi_k \mathrm{d}\boldsymbol{r} = F_{k'k}(e^{i\omega t} + e^{-i\omega t}) \tag{6-16}$$

式中

$$F_{k'k} = \int_\Omega \Phi_{k'}^* \hat{F}\Phi_k \mathrm{d}\boldsymbol{r} \tag{6-17}$$

将式(6-16)代入式(6-13)，得

$$a_{k'}(t) = \frac{F_{k'k}}{\hbar}\left[\frac{e^{i(\omega_{k'k}+\omega)t}-1}{\omega_{k'k}+\omega} + \frac{e^{i(\omega_{k'k}-\omega)t}-1}{\omega_{k'k}-\omega}\right] \tag{6-18}$$

当 $\omega = \omega_{k'k}$ 时，式(6-18)右边第二项的分子、分母都等于零，利用数学分析中求极限的法则，同时将分子与分母对 $\omega_{k'k}-\omega$ 求微商，可以得出这一项与 t 成比例。由于第一项不随时间增加，因而当 $\omega \approx \omega_{k'k}$ 时，仅第二项起主要作用。当 $\omega \approx -\omega_{k'k}$ 时，用相同的方法，可以得出与上述相反的结果，即第一项随时间的增加而加大，第二项却不随时间增加，所以这时起主要作用的是第一项。当 $\omega \neq \pm\omega_{k'k}$ 时，式(6-18)右边两项都不随时间增加。由此可见，只有当

$$\omega = \pm\omega_{k'k} \rightarrow E_{k'} = E_k \pm \hbar\omega \tag{6-19}$$

时才出现明显的跃迁。也就是说，只有当外界微扰含有频率 $\omega_{k'k}$ 时，电子(体系)才能从 Φ_k 态跃迁到 $\Phi_{k'}$ 态，这时电子(体系)吸收或发射的能量为 $\hbar\omega_{k'k}$。这说明我们所讨论的跃迁是一个共振现象。因此，只需讨论 $\omega = \pm\omega_{k'k}$ 的情况。

将式(6-18)代入式(6-14)，当 $\omega \approx \omega_{k'k}$ 时，式(6-18)右边只取第二项，当 $\omega \approx -\omega_{k'k}$ 时，则只取第一项，于是得到由 Φ_k 态跃迁到 $\Phi_{k'}$ 态的概率为

$$P_{k \to k'} = \left| a_{k'}(t) \right|^2 = \frac{4\left| F_{k'k} \right|^2 \sin^2\frac{1}{2}(\omega_{k'k}\pm\omega)t}{\hbar^2(\omega_{k'k}\pm\omega)^2} \tag{6-20}$$

当 $\omega \approx \omega_{k'k}$ 时，式(6-20)右边分子、分母都取负号；当 $\omega \approx -\omega_{k'k}$ 时，都取正号。

利用公式

$$\lim_{t \to \infty}\frac{\sin^2 xt}{\pi t x^2} = \delta(x) \tag{6-21}$$

令 $x = \frac{1}{2}(\omega_{k'k}\pm\omega)$，并用公式 $\delta(ax) = \frac{1}{a}\delta(x)$，则式(6-20)可改写为

$$P_{k \to k'} = \frac{\pi t}{\hbar^2}\left| F_{k'k} \right|^2 \delta\left(\frac{\omega_{k'k}\pm\omega}{2}\right) = \frac{2\pi t}{\hbar^2}\left| F_{k'k} \right|^2 \delta(\omega_{k'k}\pm\omega) \tag{6-22}$$

将式(6-9)代入，有

$$P_{k \to k'} = \frac{2\pi t}{\hbar}\left| F_{k'k} \right|^2 \delta(E_{k'} - E_k \pm \hbar\omega) \tag{6-23}$$

式(6-23)两边除以 t，得到单位时间内电子(体系)由 Φ_k 态跃迁到 $\Phi_{k'}$ 态的概率：

$$p_{k \to k'} = \frac{2\pi}{\hbar} |F_{k'k}|^2 \delta(E_{k'} - E_k \pm \hbar\omega) \tag{6-24}$$

由于 δ 函数只有在宗量等于零时本身才不为零，因此式(6-23)和式(6-24)中的 δ 函数把能量守恒条件式(6-19)明显地表示出来。式(6-24)就是散射理论的基本结果之一。若假定载流子之间的相互作用很弱，即两次相邻碰撞之间的自由飞行时间足够长，式(6-24)即为费米黄金法则。在弹性散射中，式(6-24)中的 $\hbar\omega$ 项由零代替。这样，无论是晶格散射(非弹性散射)还是离化杂质散射(弹性散射)的散射率都可由式(6-24)给出。另外，在实际问题处理中，某些类型的晶格散射吸收或发射声子的能量较 KT(K 为玻尔兹曼常数，$T=300$ K(室温)时，$KT=0.026$ eV)很小，也可将其视为准弹性散射而进行处理。

更具体地，当 $E_k > E_{k'}$ 时，式(6-24)可改写为

$$p_{k \to k'} = \frac{2\pi}{\hbar} |F_{k'k}|^2 \delta(E_{k'} - E_k + \hbar\omega) \tag{6-25}$$

即仅当 $E_{k'} = E_k - \hbar\omega$ 时，跃迁概率才不为零，体系由 Φ_k 态跃迁到 $\Phi_{k'}$ 态，发射出能量 $\hbar\omega$。当 $E_k < E_{k'}$ 时，式(6-24)可改写为

$$p_{k \to k'} = \frac{2\pi}{\hbar} |F_{k'k}|^2 \delta(E_{k'} - E_k - \hbar\omega) \tag{6-26}$$

即仅当 $E_{k'} = E_k + \hbar\omega$ 时，跃迁概率才不为零。跃迁过程中，电子(体系)吸收能量 $\hbar\omega$。

在式(6-24)中，将 k' 和 k 对调，即得电子(体系)由 $\Phi_{k'}$ 态跃迁到 Φ_k 态的概率。因为 $\hat{F}$ 是厄密算符，$|F_{k'k}|^2 = |F_{kk'}|^2$，所以有

$$P_{k \to k'} = P_{k' \to k} \tag{6-27}$$

即电子(体系)由 Φ_k 态跃迁到 $\Phi_{k'}$ 态的概率，与电子(体系)由 $\Phi_{k'}$ 态跃迁到 Φ_k 态的概率相等。

事实上，为使用费米黄金法则，必须求得微扰势 $\hat{F}$，然后使用式(6-17)计算微扰矩阵元 $F_{k'k}'$。考虑到无论是离化杂质散射还是晶格振动散射，其势场都具有晶体的周期性，可以展开成含有倒格矢 q 的傅里叶级数，因此微扰势 $\hat{F} = V(r)$ 有如下形式：

$$V(r) = \sum_q A(q) e^{iq \cdot r} \tag{6-28}$$

其中，$\sum\limits_q$ 表示对 q 从负无穷到正无穷求和。因为微扰势是实数，则有

$$A_q^* = A_{-q} \tag{6-29}$$

其中，A_q^* 是 A_q 的共轭复数(两个量都是复数时，$V(r)$ 才是实数)。将式(6-28)、式(6-29)代入式(6-17)，同时将 Φ_k 变为布洛赫波形式，可得

$$F_{k'k}' = \int_\Omega u_{k'}^*(r) e^{-ik' \cdot r} \sum_q A(q) e^{iq \cdot r} u_k(r) e^{ik \cdot r} dr \tag{6-30}$$

即

$$F_{k'k}' = \sum_q A(q) \int_\Omega u_{k'}^*(r) u_k(r) e^{i(q-k'+k) \cdot r} dr \tag{6-31}$$

由于

$$\int_0^{2\pi} e^{i(m-m')\theta} d\theta = \begin{cases} 0 & (m' \neq m) \\ 2\pi & (m' = m) \end{cases} \tag{6-32}$$

因此,只有当

$$q = k' - k \tag{6-33}$$

时,$F'_{k'k}$ 才不为零。式(6-33)表明,跃迁同时也要求准动量守恒。于是,式(6-31)可简化为

$$F'_{k'k} = A(\boldsymbol{q}) I_{k'k} \delta(\boldsymbol{q} - \boldsymbol{k}' + \boldsymbol{k}) = A(\boldsymbol{k}' - \boldsymbol{k}) I_{k'k} \tag{6-34}$$

式中,$I_{k'k}$ 为重叠积分,即

$$I_{k'k} = \int_\Omega u_k^*(\boldsymbol{r}) u_k(\boldsymbol{r}) \mathrm{d}\boldsymbol{r} \tag{6-35}$$

对于抛物线型能带,$u_k(\boldsymbol{r})$、$u_{k'}(\boldsymbol{r})$ 在带底附近相差很小,$I_{k'k} \approx 1$。

6.2　跃迁概率及散射概率模型

利用费米黄金法则,将各种散射势能考虑进来,可获得描述载流子由一个状态跃迁到另一个状态的各跃迁概率模型,包括离化杂质、声学声子、非极性光学声子及谷间声子散射模型。在此基础上,利用玻尔兹曼方程碰撞项近似关系,可获得以下载流子散射概率模型(即倒数动量弛豫时间 $1/\tau$)。

离化杂质散射模型:

$$P_i = \frac{1}{\tau_i} = \frac{N_i e^4}{16\pi (2m^*)^{\frac{1}{2}} (\varepsilon_0 \varepsilon)^2 (E - E_c)^{\frac{3}{2}} \ln\left(\dfrac{12m^* K^2 T^2 \varepsilon_0 \varepsilon}{e^2 \hbar^2 n_i}\right)}$$

式中:P_i 为离化杂质散射概率;τ_i 为离化杂质散射的平均自由时间;m^* 为状态密度有效质量;N_i 为离化杂质浓度;ε_0 为真空介电常数;ε 为介电常数;E_c 为导带底能级能量;e 为电子电量;K 为玻尔兹曼常数;T 为温度;$\hbar$ 为约化普朗克常数;n_i 为本征载流子浓度。

声学声子散射模型:

$$P_a = \frac{1}{\tau_a} = \frac{\sqrt{2}(m^*)^{\frac{3}{2}} \Xi^2 KT (E - E_c)^{\frac{1}{2}}}{\pi \hbar^4 c_1}$$

式中:P_a 为声学声子散射概率;τ_a 为声学声子散射的平均自由时间;Ξ 为声学声子形变势常数;c_1 为纵向弹性常数。

非极性光学声子散射模型:

$$P_{op} = \frac{1}{\tau_{op}} = \frac{D_o^2 (m^*)^{\frac{3}{2}}}{\sqrt{2}\pi \hbar^3 \rho \omega_o}\left(n_{op} + \frac{1}{2} \mp \frac{1}{2}\right)(E - E_c \pm \hbar \omega_o)^{\frac{1}{2}}$$

式中:P_{op} 为非极性光学声子散射概率;τ_{op} 为非极性光学声子散射的平均自由时间;D_o 为非极性光学形变势常数;n_{op} 为光学声子数;ρ 为材料密度;$\hbar \omega_o$ 为长波光学声子能量。

谷间声子散射模型:

$$P_{in} = \frac{1}{\tau_{in}} = \frac{D_i^2 (m^*)^{\frac{3}{2}} Z_f}{\sqrt{2}\pi \hbar^3 \rho \omega_i}\left(N_i + \frac{1}{2} \mp \frac{1}{2}\right)(E - E_c \pm \hbar \omega_i - \Delta E_{fi})^{\frac{1}{2}}$$

式中:P_{in} 为谷间声子散射概率;τ_{in} 为谷间声子散射的平均自由时间;D_i 为谷间形变势常数;$\hbar \omega_i$ 为谷间声子能量;ΔE_{fi} 为谷间能级差;Z_f 为谷间声子系数。

众所周知,在导带谷底窄的能量范围内,$E - \boldsymbol{k}$ 关系通常是抛物线型关系。但在模拟分

析时，通常还会涉及高能量的电子。这时，非抛物线型能带的影响常常是不能忽略的。根据 $\boldsymbol{k \cdot p}$ 微扰理论，在适当能量范围内，通过借助适当的常数 α 修正 E - $\boldsymbol{k}$ 关系，可以对此情况加以描述。因此，本书还给出了非抛物线型能带(考虑 α 修正)散射的相关模型。

离化杂质散射模型：

$$P_i = \frac{1}{\tau_i} = \frac{N_i e^4}{16\pi (2m^*)^{\frac{1}{2}} (\varepsilon_0 \varepsilon)^2 \ln\left(\dfrac{12m^* K^2 T^2 \varepsilon_0 \varepsilon}{e^2 \hbar^2 n_i}\right)} E^{-\frac{3}{2}} (1+\alpha E)^{-\frac{3}{2}} (1+2\alpha E)$$

声学声子散射模型：

$$P_a = \frac{1}{\tau_a} = \frac{\sqrt{2}(m^*)^{\frac{3}{2}} KT\varXi^2}{\pi \hbar^4 c_1} E^{\frac{1}{2}} (1+2\alpha E)(1+\alpha E)^{\frac{1}{2}}$$

非极性光学声子散射模型：

$$P_{op} = \frac{1}{\tau_{op}} = \frac{D_o^2 (m^*)^{\frac{3}{2}}}{\sqrt{2}\pi\hbar^3 \rho\omega_o}\left(n_{op} + \frac{1}{2} \mp \frac{1}{2}\right)(E \pm \hbar\omega_o)^{\frac{1}{2}} \sqrt{1+\alpha(E \pm \hbar\omega_o)}\,[1+2\alpha(E \pm \hbar\omega_o)]$$

谷间声子散射模型：

$$P_{in} = \frac{1}{\tau_{in}} = \frac{D_i^2 (m^*)^{\frac{3}{2}} Z_f}{\sqrt{2}\pi\hbar^3 \rho\omega_i}\left(N_i + \frac{1}{2} \mp \frac{1}{2}\right)(E \pm \hbar\omega_i - \Delta E_{fi})^{\frac{1}{2}}$$
$$\times [1+\alpha(E \pm \hbar\omega_i \quad \Delta E_{fi})]^{\frac{1}{2}} \times [1 + 2\alpha(E \pm \hbar\omega_i \quad \Delta E_{fi})]$$

对于以上模型，需要重点说明两点：

(1) 必须利用玻尔兹曼方程碰撞项近似关系才能获得与大多数文献一致的模型。

(2) 各模型中能量 E 均由 $E - E_c = \dfrac{\hbar^2 \boldsymbol{k}^2}{2m^*} = \dfrac{1}{2}m^* v^2$ 关系引入。

需要补充说明的是，无论电子占据同一材料中高能谷或低能谷，还是占据不同材料的导带底，其平均动能是一致的(见图 6.2)。

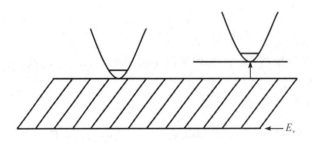

图 6.2　平均动能示意图

采用统计物理和数学分析的方法，可以进一步获得平均动量弛豫时间。其关系式为

$$\tau = \frac{\displaystyle\int_{E_c}^{\infty} \tau(E-E_c)g(E-E_c)f(E)(E-E_c)\mathrm{d}E}{\displaystyle\int_{E_c}^{\infty} g(E-E_c)f(E)(E-E_c)\mathrm{d}E} \tag{6-36}$$

硅基应变材料各散射概率与晶向、应力的关系如图 6.3～图 6.12 所示，结果表明(以应变 $Si/(101)Si_{1-x}Ge_x$ 空穴散射机制为例说明)：应变 $Si/(101)Si_{1-x}Ge_x$ 空穴离化杂质散射概率随能量的增加而减小，当能量为 40 meV 时，其随 Ge 组分 x 的增加而增加；应变

Si/(101)Si$_{1-x}$Ge$_x$空穴声学声子和非极性光学声子散射概率均随能量的增加而增大，当能量 E 为40 meV时，只需考虑吸收声子情况下空穴的散射，该散射概率随 Ge 组分 x 的增大而减小；应变 Si/(101)Si$_{1-x}$Ge$_x$ 空穴(40 meV 时)总散射概率随 Ge 组分 x 的增加而减小，当 Ge 组分 x 低于 0.2 时，空穴的总散射概率在应力的作用下陡降，之后随应力的变化趋于平缓；与未应变 Si 材料相比，应变 Si/(101)Si$_{1-x}$Ge$_x$ 空穴的总散射概率最多可减小约 45%。本书给出的量化结论可为硅基应变材料物理的理解及器件的研究与设计提供有价值的参考。

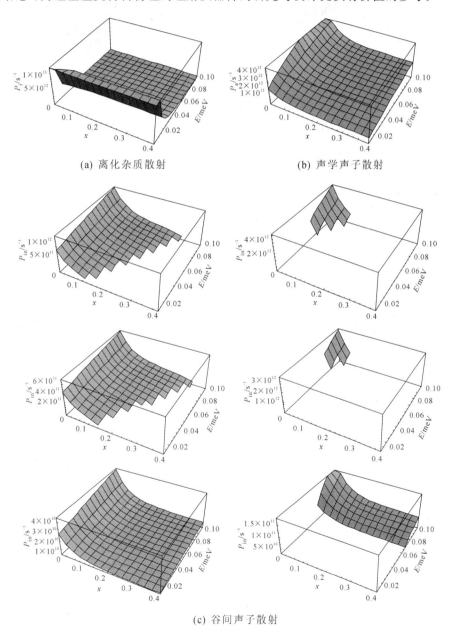

(a) 离化杂质散射　　　　　　　　　　(b) 声学声子散射

(c) 谷间声子散射

图 6.3　应变 Si/(001)Si$_{1-x}$Ge$_x$ 电子散射机制

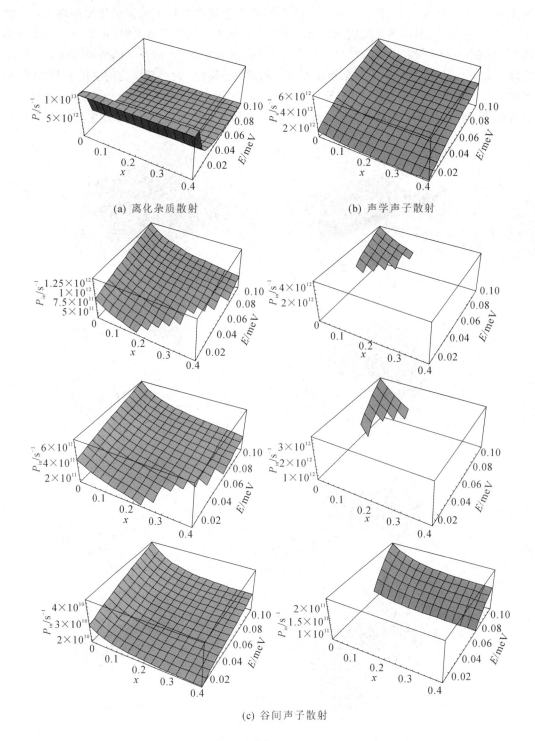

(a) 离化杂质散射　　　　　　　　(b) 声学声子散射

(c) 谷间声子散射

图 6.4　应变 $Si/(101)Si_{1-x}Ge_x$ 电子散射机制

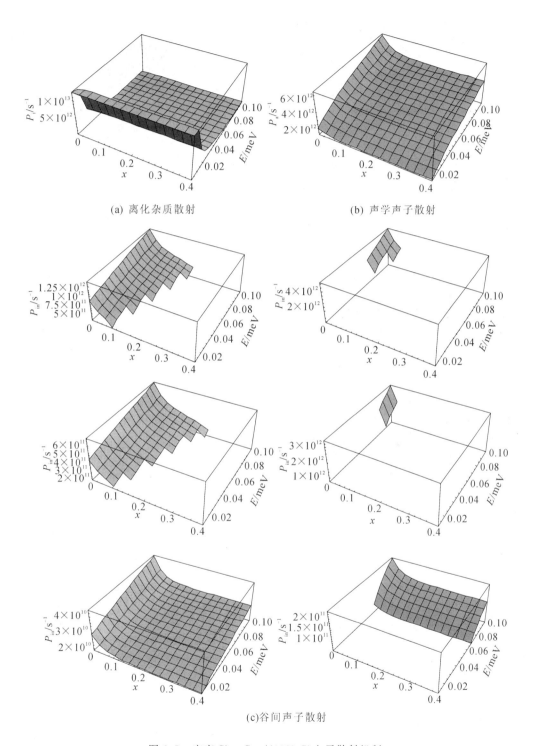

(a) 离化杂质散射

(b) 声学声子散射

(c)谷间声子散射

图 6.5　应变 $Si_{1-x}Ge_x/(001)$ Si 电子散射机制

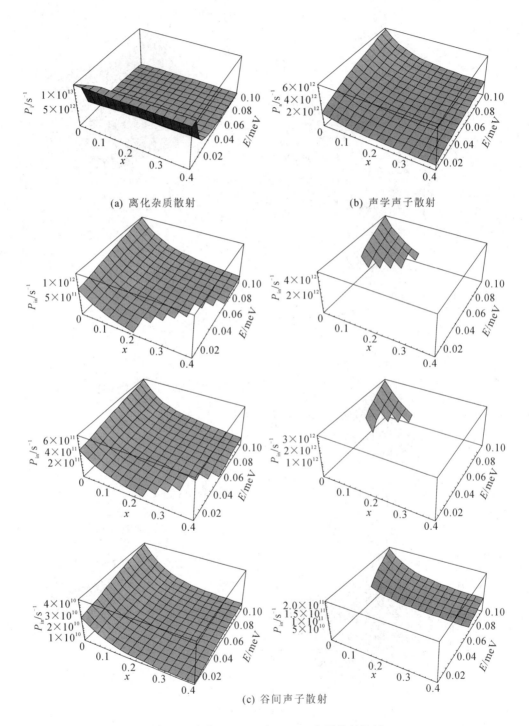

(a) 离化杂质散射　　　　　　　　　　　(b) 声学声子散射

(c) 谷间声子散射

图 6.6　应变 $Si_{1-x}Ge_x/(101)$ Si 电子散射机制

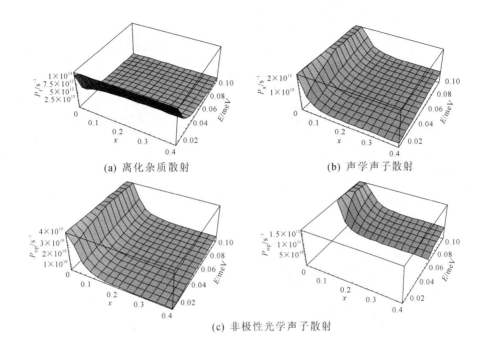

(a) 离化杂质散射　　　　　　　　　(b) 声学声子散射

(c) 非极性光学声子散射

图 6.7　应变 $Si/(001)Si_{1-x}Ge_x$ 空穴散射机制

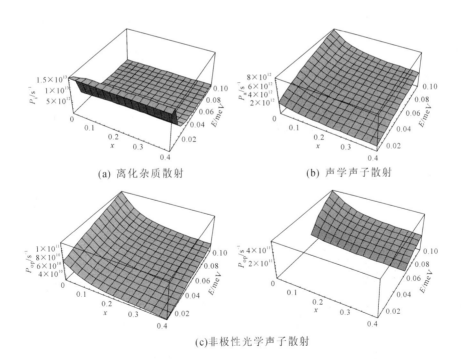

(a) 离化杂质散射　　　　　　　　　(b) 声学声子散射

(c)非极性光学声子散射

图 6.8　应变 $Si/(101)Si_{1-x}Ge_x$ 空穴散射机制

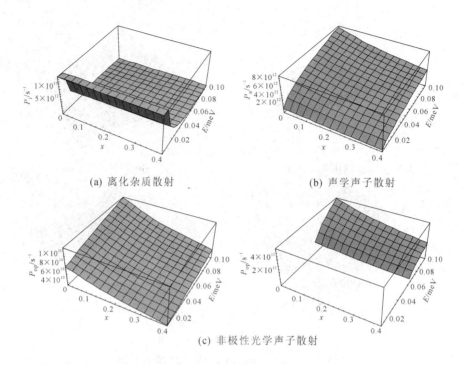

(a) 离化杂质散射　　　　　　(b) 声学声子散射

(c) 非极性光学声子散射

图 6.9　应变 $Si/(111)Si_{1-x}Ge_x$ 空穴散射机制

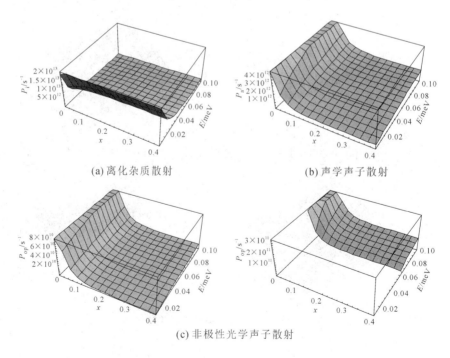

(a) 离化杂质散射　　　　　　(b) 声学声子散射

(c) 非极性光学声子散射

图 6.10　应变 $Si_{1-x}Ge_x/(001)Si$ 空穴散射机制

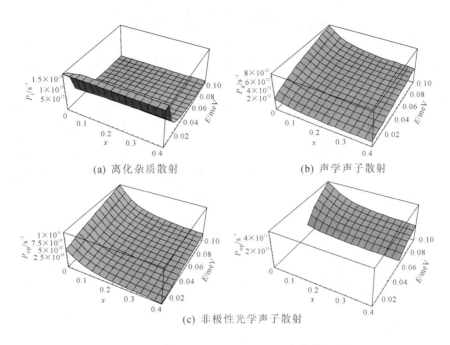

图 6.11　应变 $Si_{1-x}Ge_x/(101)Si$ 空穴散射机制

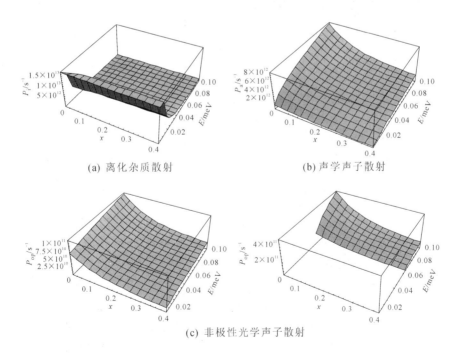

图 6.12　应变 $Si_{1-x}Ge_x/(111)Si$ 空穴散射机制

6.3　载流子迁移率模型

本节基于 3.3 节和 6.2 节所得载流子电导率有效质量及散射概率模型，利用迁移率计算公式 $\mu=q\tau/m_\mathrm{c}$（m_c 为电导率有效质量，τ 为平均自由时间，q 为电子电量），进一步给出应变 Si 与应变 $Si_{1-x}Ge_x$ 材料载流子迁移率与应力的理论关系。下面以应变 Si/(101) $Si_{1-x}Ge_x$ 和应变 Si/(111) $Si_{1-x}Ge_x$ 材料空穴迁移率为例（见图 6.13 和图 6.14），对此予以说明。

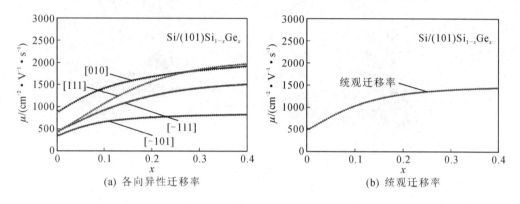

图 6.13　应变 Si/(101)$Si_{1-x}Ge_x$ 空穴迁移率与 Ge 组分 x 的关系

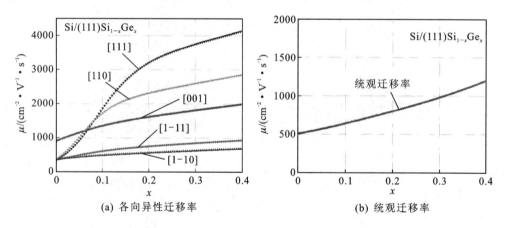

图 6.14　应变 Si/(111)$Si_{1-x}Ge_x$ 空穴迁移率与 Ge 组分 x 的关系

由图 6.13 可见，双轴应变 Si/(101) $Si_{1-x}Ge_x$ 材料高对称晶向（如 [010]、[111]、[-111]、[-101]）空穴迁移率在应力作用下均有明显增强，其空穴统观迁移率与未应变 Si 材料相比，最多提高约 2 倍。值得注意的是，通过本书所建模型也可以得到未应变 Si 材料（即当 Ge 组分 x 为 0 时）价带结构及空穴统观迁移率，所采用的方法与传统求解未应变 Si 材料相关参数的解析法不同，而采用本书模型得到的结果与传统方法报道的结果一致，据此可以间接说明本书所建应变 Si/(101)$Si_{1-x}Ge_x$ 材料空穴迁移率模型的合理性。此外，本书在求解应变材料空穴迁移率过程中所使用的能带结构等参数与其他文献报道结果一致，这也证明了本书所建迁移率模型的合理性。

由图 6.14 可见，应变 Si/(111)Si$_{1-x}$Ge$_x$ 材料空穴迁移率各向异性显著，且各晶向空穴迁移率随应力均有明显增强。与应变 Si/(101)Si$_{1-x}$Ge$_x$ 材料类似，应力作用下应变 Si/(111)Si$_{1-x}$Ge$_x$ 材料空穴统观迁移率与未应变 Si 材料相比最多提高约 2 倍。

6.4　本章小结

本章基于费米黄金法则及玻尔兹曼方程碰撞理论，建立了应变 Si 与应变 Si$_{1-x}$Ge$_x$ 材料载流子(电子、空穴)散射概率与应力及能量的理论关系模型，包括离化杂质、声学声子、非极性光学声子、谷间声子散射机制，并在此基础上，最终建立了不同晶面应变 Si 与应变 Si$_{1-x}$Ge$_x$ 材料载流子迁移率与应力的理论模型，为硅基应变材料制备及器件的研究与设计奠定了重要的理论基础。

习　　题

1. 简述应变 Si 电子与空穴散射机制。
2. 简述应变对 Si 载流子迁移率的影响。
3. 对比分析应变与未应变 Si 载流子散射机制的区别。
4. 基于应变 Si 载流子迁移率模型，讨论设计应变 MOS 器件时沟道晶面与晶向的选择方法。

参 考 文 献

[1]　SONG J J, ZHANG H M, HU H Y, et al. Determination of conduction band edge characteristics of strained Si/Si$_{1-x}$Ge$_x$ [J]. Chinese Physics, 2007, 16(12): 3827 - 3831.

[2]　宋建军, 张鹤鸣, 戴显英, 等. 第一性原理研究应变 Si/(111) Si$_{1-x}$Ge$_x$ 能带结构[J]. 物理学报, 2008, 57(9): 5918 - 5922.

[3]　SONG J J, ZHANG H M, SHU B, et al. The **k · p** Dispersion Relation Near the Δ_i Valley in Strained Si$_{1-x}$Ge$_x$/Si [J]. Journal of Semiconductors, 2008, 29(3): 442 - 446.

[4]　宋建军, 张鹤鸣, 戴显英, 等. 应变 Si 价带色散关系模型[J]. 物理学报, 2008, 57(11): 7228 - 7232.

[5]　SONG J J, ZHANG H M, DAI X Y, et al. Band edge model of (101)-biaxial strained Si [J]. Journal of Semiconductors, 2008, 29(9): 1670 - 1673.

[6]　宋建军, 张鹤鸣, 戴显英, 等. 应变 Si/(001)Si$_{1-x}$Ge$_x$ 能带结构模型[J]. 固体电子学研究与进展, 2009, 29(1): 14 - 17.

[7]　SONG J J, ZHANG H M, HU H Y, et al. Calculation of band structure in (101)-biaxially strained Si[J]. Science in China, 2009, 52(4): 546 - 550.

[8]　宋建军, 张鹤鸣, 胡辉勇, 等. 应变 Si$_{1-x}$Ge$_x$ 能带结构研究[J]. 物理学报, 2009, 58(11): 7947 - 7951.

[9]　宋建军, 张鹤鸣, 宣荣喜, 等. 应变 Si/(001)Si$_{1-x}$Ge$_x$ 空穴有效质量各向异性[J]. 物理学报, 2009, 58(7): 4958 - 4961.

[10]　赵丽霞, 张鹤鸣, 胡辉勇, 等. 应变 Si 电子电导有效质量模型[J]. 物理学报, 2010, 59(9): 6545 - 6548.

[11]　宋建军, 张鹤鸣, 胡辉勇, 等. 应变 Si$_{1-x}$Ge$_x$/(111)Si 空穴有效质量模型[J]. 物理学报, 2010, 59(1): 579 - 582.

[12]　宋建军, 张鹤鸣, 胡辉勇, 等. 应变 Si/(001)Si$_{1-x}$Ge$_x$ 本征载流子浓度模型[J]. 物理学报, 2010, 59(3): 2064 - 2067.

[13]　SONG J J, ZHANG H M, HU H Y, et al. Valence band structure of strained Si/(111)Si$_{1-x}$Ge$_x$ [J]. Science China(Physics, Mechanics & Astronomy), 2010, 53(3): 454 - 457.

[14]　SONG J J, ZHANG H M, HU H Y, et al. Calculation of band edge levels of strained Si/(111)Si$_{1-x}$Ge$_x$ [J]. Journal of Semiconductors, 2010, 31(1): 1 - 3.

[15]　宋建军, 张鹤鸣, 戴显英, 等. 不同晶系应变 Si 状态密度研究[J]. 物理学报, 2011, 60(4): 576 - 579.

[16]　宋建军, 张鹤鸣, 胡辉勇, 等. 四方晶系应变 Si 空穴散射机制[J]. 物理学报, 2012,

61(5)：422 - 427.

[17] SONG J J，ZHANG H M，HU H Y，et al. Hole mobility enhancement of Si by rhombohedral strain[J]. Science China (Physics，Mechanics & Astronomy)，2012，55(8)：1399 - 1403.

[18] SONG J J，YANG C，HU H Y，et al. Longitudinal，transverse，density-of-states，and conductivity masses of electrons in (001)，(101) and (111) biaxially-strained-Si and strained $Si_{1-x}Ge_x$ [J]. Science China （Physics，Mechanics & Astronomy），2012，55(11)：2033 - 2037.

[19] 赵丽霞，张鹤鸣，宣荣喜，等. 应变 $Si_{1-x}Ge_x$ (100)电子散射几率[J]. 西安电子科技大学学报(自然科学版)，2012，39(3)：86 - 89.

[20] SONG J J，ZHU H，YANG J Y，et al. Averaged hole mobility model of biaxially strained Si[J]. Journal of Semiconductors，2013，34(8)：15 - 18.

[21] SONG J J，YANG C，HU H Y，et al. Penetration depth at various Raman excitation wavelengths and stress model for Raman spectrum in biaxially-strained Si [J]. Science China (Physics，Mechanics & Astronomy)，2013，56(11)：2065 - 2070.

[22] 赵丽霞，张鹤鸣，戴显英，宣荣喜. 应变 $Si/(101)Si_{1-x}Ge_x$ 空穴迁移率[J]. 西安电子科技大学学报(自然科学版)，2013，40(3)：121 - 125.

[23] JIN Z，QIAO L P，LIU C，et al. Inter valley phonon scattering mechanism instrained $Si/(101)Si_{1-x}Ge_x$ [J]. Journal of Semiconductors，2013，34(7)：7 - 10.

[24] QIAO L P. Calculation of isotropic effective masses of hole in strained Si[J]. Icic Express Letters，2013，7(10)：2747 - 2752.

[25] ZHANG C. Directional，averaged and density of states effective masses of hole in (001)，(101) and (111) biaxially strained Si and strained $Si_{1-x}Ge_x$ materials[J]. Materials Research Innovations，2014，18(sup2)：753 - 758.

[26] JIN Z，QIAO L P，LIU L D，et al. Intrinsic Carrier Concentration as a Function of Stress in(001)，(101) and(111) Biaxially Strained-Si and Strained- $Si_{1-x}Ge_x$ [J]. Journal of Wuhan University of Technology(Materials Science Edition)，2015，30(5)：888 - 893.

[27] BAI M，XUAN R X，SONG J J，et al. Scattering Mechanism of Electron in (001)，(101) Biaxially-Strained Si and $Si_{1-x}Ge_x$ Materials[J]. Journal of Computational & Theoretical Nanoscience，2015，12(8).

[28] 赵丽霞. (001)、(101)、(111) 双轴应变 Si、应变 SiGe 空穴散射机制[J]. 半导体学报，2015，36(7)：1 - 4.

[29] CHEN B K，ZHAO L X，JIANG D F，et al. The $E-k$ Relations of Inversion Layer Sub-Band in Biaxially Strained Si NMOS [J]. Journal of Computational and Theoretical Nanoscience，2015，12(11)：4256 - 4262.

[30] 杨旻昱，宋建军，张静，等. 氮化硅膜致小尺寸金属氧化物半导体晶体管沟道单轴应变物理机制[J]. 物理学报，2015，64(23)：388 - 395.

[31]　宋建军，包文涛，张静，等. (100)Si 基应变 p 型金属氧化物半导体[110]晶向电导率有效质量双椭球模型[J]. 物理学报，2016，65(1)：394－401.

[32]　SONG J J，ZHU H，ZHANG H M，et al. Hole Mobility in Arbitrary Orientation/Typical Plane Uniaxially-Strained Si Materials[J]. Silicon，2016，8(3)：381－389.

[33]　CHEN B K，ZHAO L X，YANG M Y，et al. Hole Mobility of Inversion Layer in Strained PMOS[J]. Journal of Computational & Theoretical Nanoscience，2016，13(1)：999－1005.